我的小小水族馆

——教你养好观赏鱼

夏婷婷　编著

图书在版编目(CIP)数据

我的小小水族馆：教你养好观赏鱼/夏婷婷编著.—天津：天津科技翻译出版有限公司，2011.2（2025.3重印）

ISBN 978-7-5433-1986-8

Ⅰ.①我… Ⅱ.①夏… Ⅲ.①观赏鱼类—鱼类养殖 Ⅳ.①S965.8

中国版本图书馆 CIP 数据核字(2010)第 251904 号

出　　版：天津科技翻译出版有限公司
出 版 人：方　艳
地　　址：天津市和平区西康路 35 号
邮政编码：300051
电　　话：(022)87894896
传　　真：(022)87893237
网　　址：www.tsttpc.com
印　　刷：三河市天润建兴印务有限公司
发　　行：全国新华书店
版本记录：960mm×1330mm　16 开本　13 印张　250 千字
2011 年 2 月第 1 版　2025 年 3 月第 2 次印刷
定价：49.80元

写在前面

记得在我很小的时候，外公养了一缸金鱼。金鱼有很多颜色和品种，并且自己能够繁殖，每年都能够生出小鱼。尤其对于生出小鱼这件事，年纪小小的我觉得非常神奇，每次去外公家都要在鱼缸边坐很久，盯着鱼缸看它们不停地游动。等我长大了一些，跟着父亲去附近的小河钓鱼。那时的我也不钓鱼，就看河边的景色。等父亲钓上鱼后，我就乐颠乐颠地把它们捞上来放进大水盆里。虽然它们不像金鱼那么美丽，但是那野生健美的姿态也深深地打动了我。

后来我和同学第一次去了水族馆。那是只有在电视中才能看到的迷人水世界，像一个巨大的水晶宫殿，里面数以万计的美丽海水鱼缭乱了我的眼睛。于是我下定决心开始养鱼，以了从小的心愿。

考虑到视觉效果、价格还有打理的难易程度后，我选择了养热带淡水鱼。凑巧的是，喜欢养鱼的朋友送我一个他暂时用不到的鱼缸，还附赠了底沙和循环器，于是更坚定了我养鱼的信念。为此，我经常去水族店，和鱼友讨论各种问题。等基础的问题都有了答案，我便信心满满地拎了十几条红斑马回家开缸，开始了我的养鱼生涯。

因为前期的准备比较充分，所以开始的时候比较顺利。小鱼很活泼地生活了几个月之后，问题开始出现了。它们一条接一条地死掉，等问题查验出来，鱼已经所剩无几了。悲痛之余，我又买了新品种回来，更细心地照顾。一来二去，我养的品种慢慢变多了，对它们了解得也越来越充分，走出了有理论没实践的窘境。

到现在，我基本上掌握了鱼的习性，每天回家看到小鱼们欢快地游来游去以及繁殖季节的种种形态，都惊叹生命的神奇和美丽。于是在工作之余，我把平时的这些所见所得整理出来，给鱼友们做一些参考，希望能对大家有所帮助。这本书中只是列举了平日里我们常见的一些品种，我觉得这样的选择更具有普及的意义。

目 录

第一章 养热带鱼的基本器具

鱼缸

鱼缸是用来养鱼和水草的容器，也叫水族缸。它是养热带鱼最基本的器具。

材料

鱼缸的材料有很多，一般都是玻璃材质。玻璃材质也分很多种，比如普通玻璃、亚克力玻璃、有机玻璃、钢化玻璃等等。我们多用浮法玻璃和超白玻璃鱼缸。

浮法玻璃是最常用的鱼缸材质，物美价廉。浮法玻璃两面都很平整均匀，透光性约有86%，并且有一定的韧性，非常适合做鱼缸。浮法玻璃的断面呈绿色。

一般来说，如果种植水草较多，用浮法玻璃缸就可以了。

超白玻璃又叫高透明玻璃或无色玻璃。顾名思义，超白玻璃的透光性更好，能达到90%以上，而且视野更清晰。但是超白玻璃技术要求高，生产难度大，国内市场卖的超白玻璃很多都是进口的，所以价格比较高，要根据自己的需要和喜好来进行选择。超白玻璃断面一般为无色或者微蓝色。如果清水养鱼不种植水草，可以选择超白玻璃，能更清晰地看到鱼的状态。

尺寸

鱼缸的尺寸虽然是个人喜好问题，但是因为水的重量和压力会影响到家具的安全，所以也是美观之外要考虑的因素。

一般来说家中地板的承受力为每平方米150千克左右。假设一个0.6米×0.4米×0.5米的缸，全部装满水就要达到120千克，再加上照明过滤等设备就会更重，所以计算好鱼缸的重量非常重要，否则将在房间里埋下安全隐患。实际上，100升水已经足以满足大部分热带鱼的生存空间了，正常的家庭使用，100升以下是比较适宜的选择。

鱼缸和水均不要太深，太深会给清洗鱼缸带来很多麻烦，造成换水的不便，深度最好不要超过60厘米。

造型

鱼缸的造型有圆缸、半圆缸、长方体缸、正方体缸等，市面上还有很多异形鱼缸，但是一般来说，选择方缸的比较多。方缸的优点是在欣赏鱼和水草的时候不会出现透视变形，而且放置比较方便，很少出现死角。

方缸也有直角和圆角的区别，现在比较流行的是纯直角。纯直角的缸造型简洁，不会产生某一角度的视觉变形。

市面上还有很多直接提供照明循环一体化的鱼缸。这种类型的鱼缸比较省心，能将设备一次性配套好，照明也比较漂亮，不会产生买了鱼缸另配照明的视觉不匹配感觉。

底柜

一般来说，鱼缸放置的位置应该和自己的视线平行，这样就产生了一个问题：鱼缸要放在某个物体上面才能达到这个高度，这就需要配置鱼缸底柜和箱架。

底柜一般来说是放置鱼食以及配套工具的地方，比较复杂的底柜把整套循环系统放置在其中，这样外形看上去比较美观。市场上卖的鱼缸很多都是和底柜配套好的，不仅材质多颜色多，而且有各种造型，可选余地非常多。

水循环过滤系统

一般还没有开始养热带鱼的人都只知道鱼缸中需要增氧,而完全忽视水质过滤的问题。其实对于一个相对非常封闭的鱼缸来说,循环过滤系统非常重要。

过滤系统可以吸附水中很多的杂质,通过过滤棉或者其他过滤介质把杂质从水中分离出来,再把干净的水流回鱼缸中,使得鱼缸中的水质清澈,给鱼类营造良好的生存环境。除此之外,循环系统还可以在鱼缸中形成小对流,让温度更均匀。在循环的过程中让空气中的氧气更多地溶入水中,增加鱼缸中的溶氧量。让污物不要沉积在缸底或者堆积在水草上,保持水生植物的清洁和美观。让营养物质更均匀地分布到鱼缸中,不要让植物的养分分布不匀。总之,水循环过滤系统对于水质的维护和水中营养物质的均衡是非常重要的。

过滤方法

水循环过滤分为物理过滤、生物过滤和化学过滤等等。

物理过滤:最常用的一种过滤方法。通过水循环过滤系统把水抽出来,通过过滤棉、纤维、细沙等,使水中的杂质层层分离出来,还原成比较干净的水,再加上接触空气面积的增大从而增加了水的溶氧量,然后被放回鱼缸中。不停地进行过滤,就能保证鱼缸中的水质干净。

生物过滤:在水循环过滤系统中会生长出一种细菌,我们称之为硝化细菌。硝化细菌能把亚硝酸盐和氨盐分解成硝酸盐,再通过厌氧脱氮细菌分解成氮气排入空气中。一般生物水循环过滤系统的材料为陶瓷环、珊瑚砂、生化球等等。这些过滤介质上会慢慢生长出硝化细菌和厌氧脱氮细菌,所以在清洗这些设备的时候不要清洗得太过彻底,否则一旦把这些有益细菌清洗掉,要花很长时间才能恢复。生物过滤设备开始使用的两个月之内一般不需要进行清洗。

化学过滤:化学过滤的方法就是使用活性碳、水质稳定剂、除藻剂等化学剂对水质进行改良。这种改良是比较硬性的,一般不推荐使用。

过滤器材

过滤器材有很多种,都是根据不同的缸体和需要设计出来的。大致分为以下几种:

上部循环过滤

沉水循环过滤

沉水循环过滤棉

水循环过滤系统

❶ 沉水过滤器。这种过滤器比较常用于小缸中。沉水过滤器把过滤器沉入水中，用马达把水抽上来之后在过滤器中进行过滤，再流回去。沉水过滤器的噪音很小，几乎没有，而且功率低能耗少，很适合家庭使用。沉水过滤器能够产生对流，使水温和水中养分更均匀，缺点是会导致藻类的丛生。

❷ 外置过滤器。外置过滤器是通过水位差来让水流入过滤器中，过滤后通过马达动力再输回鱼缸中。这种过滤器对于分离水中悬浮和漂浮的杂质过滤效果非常好。

❸ 上部过滤器。这种过滤器在大缸上比较常见。过滤器放在鱼缸上部对观赏水景的影响很小，但是会遮挡部分光线。

当发现过滤器效率降低的，就要对过滤器进行清洗，用自来水在下面冲洗，然后轻轻揉搓就可以。千万不要使用肥皂、清洁剂之类的化学制剂来清洗，否则上面的硝化细菌大量死亡，对过滤系统来说更加不好。

温度控制器具

大部分热带鱼都来自炎热的热带，所适应的温度通常比较恒定，一般都在 22℃~28℃之间。而我们国家大部分地区属于温带气候，四季分明，温差很大，低温会到零下，高温又会超过 35℃，这种忽高忽低的气温是非常不利于热带鱼和水草生长的，因此，温度控制器成为不可或缺的装备。

冷却器

在我国大部分地区，夏季温度都可以达到 35℃以上。热带鱼虽然喜欢温暖，但是也受不了那么长时间的高温，所以冷却器就会发挥比较重要的作用。

目前市面上的冷却器比较少，一般都是和加热器合并在一起的多功能温度调节器。

温度计

饲养热带鱼的家庭必备温度计。温度计的作用很简单：了解鱼缸中的温度，也可以配合加热棒使用。

温度计的种类有很多，分为水银温度计、电子温度计、指针温度计、外贴温度计等等。

❶ 水银温度计：计温比较准确，方便好用，适合小型鱼缸使用。

❷ 电子温度计：芯片微控，发生故障的可能性相对高一些。适合大缸。

❸ 指针温度计：沉水设计，比较准确。但是会妨碍鱼缸的美观，而且橡皮贴容易滋生白色物质。

❹ 外贴温度计：水族店比较常用的品种，温度偏差为 1℃~2℃，不太适合家庭使用。

加热棒

加热棒的原理是通过电加热的方法让水温升高到理想的温度。

加热的方法一般有两种：一种是在箱底安装加热线，通过箱底的电热线来提升温度。使用底部加热线的加热设备，一般适用于比较大型的鱼缸，让底部受热，产生冷暖水的上下对流来使鱼缸中的温度均匀升高。

还有就是直接采用电加温设备来加热。家庭养鱼一般采用后者，因为能精确控温，操作比较简单。

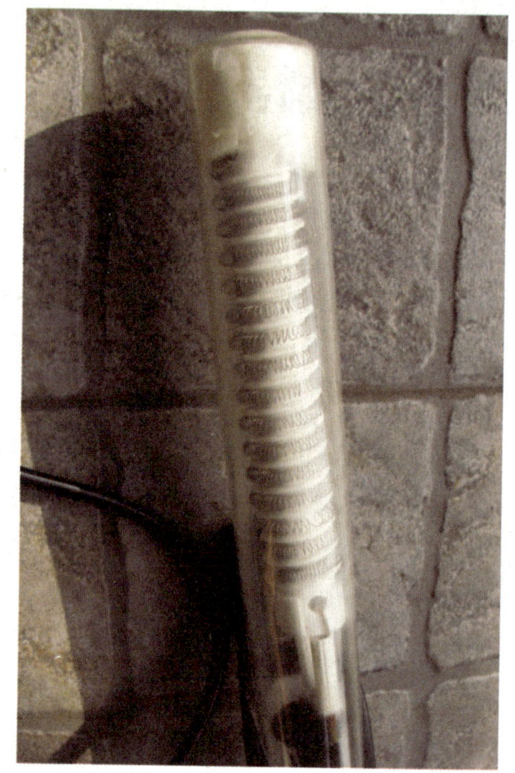

加热棒

电加温设备的种类也比较多。一般有以下几种：

❶ 加热棒。加热棒是最常用的加温设备，其原理是通过金属线圈来进行加热，带有温度调节器。一般的操作方法是，将其放入水中，贴在缸壁上，然后开启加热棒，调节到合适的温度，之后就能比较明显地看到温度计的温度开始慢慢上升。当水温上升到设定温度之后，加热棒会自动停止加热，等水冷却后又会自动加热。加热棒操作非常简单，最合适新手使用。

❷ 连接循环系统的外置加热设备。这种外置的加热设备是为了把加热设备从鱼缸中移出来、让鱼缸更加美观而设计的。它直接和鱼缸的循环过滤系统相连，水流被过滤的同时也被加热。优点是不影响鱼缸的观赏性，缺点是应用范围比较狭窄，只适用于安装了外置管道流水循环的过滤器。

❸ 智能加热器。这种加热器加载了微电脑芯片控制器，科技含量比较高，可以精确调节水温，是比较理想的加热设备。

照明系统

阳光可以让水草产生光合作用产生氧气，让热带鱼生长得更好，尤其对喜欢高氧的热带鱼尤其重要。但是家庭养鱼要得到充足的阳光比较困难，即使每天能晒到太阳也难以保持足够的时间，于是，鱼缸照明系统诞生了。照明系统的出现大大方便了鱼友，让鱼缸的放置不受阳光的约束，只要有插头，放在房间的任何地方都可以。

市面上的照明系统有很多种。

植物生长灯

植物生长灯属于 LED 灯的一种，能产生适合植物生长的光辐，让植物转变为自身的营养物质。植物生花灯比较合适红色的水草，在灯光照射下，红色植物颜色能长得非常漂亮。一般来说，中等大小 60 升水以下的小缸，用 20 瓦的植物生长灯就足够了。

照明系统

二氧化碳瓶

水银灯

水银灯光线穿透力比较强，适合比较深的缸。

一般来说，如果鱼缸放在晒不到阳光的地方，每天最好开足 12 个小时的灯光，才能保证水中的生物有比较良好的生态循环。如果白天能晒到几个小时的阳光，那每天最好也要开足 6 个小时进行补光。

二氧化碳补充设备

二氧化碳是植物生长不可缺少的元素。水草必须通过二氧化碳来制造氧气，完成光合作用。如果是以养水草为主的草缸，水中的二氧化碳不足以满足需要高二氧化碳水草的需求，水草会长得不好，所以二氧化碳补充设备就派上了用场。

市面上有二氧化碳压力瓶和扩散桶两种工具可以在水中加入二氧化碳。

二氧化碳压力瓶可以直接把二氧化碳充入水中，简单经济。但是在晚间植物停止光合作用的时候要记得关掉，否则水中的二氧化碳浓度过高，会导致鱼类死亡。

另外一种方法是通过扩散桶将水抽出，让二氧化碳自然溶于水中，再流回鱼缸。这种方法不会产生二氧化碳骤然变多的情况，让鱼和细菌慢慢适应，晚间也必须关掉。

第二章 开缸的步骤

普通鱼缸的开缸

买回一个新缸之后不能马上放水养鱼，为了养出健康的鱼和漂亮的水草，先要做好一系列的准备工作。

❶ 买回新缸之后，如果看到连接的地方是采用玻璃胶黏合，就要去除玻璃胶的酸性。这个方法比较简单：可用 20 升自来水加 50 克食用小苏打的比例调成苏打水，然后将全缸充满泡 1~2 周时间。记得要把有玻璃胶的位置全部泡到。然后倒掉苏打水，清水洗缸，再用清水泡一周的时间，倒掉后再倒入清水，这样三天后就可以放鱼进去了。

❷ 在新缸中先放进去的鱼叫作闯缸鱼，用来实验这个缸是否还有有害的物质。闯缸鱼不要用锦鲤或者其他忍耐力强的鱼，否则看不出鱼缸是否能满足大多数热带鱼的要求。可以选择 1~3 尾红绿灯，试水的时候不要开过滤设备和照明设备。如果三天内小鱼很健康，说明缸已经准备好；如果鱼很快就死了，说明鱼缸还有有毒物质，需要继续按照前面的方法用苏打水浸泡。

值得说明的是，很多人喜欢用高锰酸钾对新缸消毒。高锰酸钾也属于化学制剂，对鱼缸也是有污染的，而且高锰酸钾会残留，对硝化细菌的生长很不利。

这个时候最基本的开缸准备已经做好，下面介绍水草缸的开缸方法。

水草缸的开缸

水草缸比较麻烦，因为有泥或者沙，而且还要造型水草，这些如果都要在水中完成难度很大，而且容易翻泥翻砂，让水质混浊，污染草缸。我们可

以通过如下方法来布置草缸。

❶ 洗沙子。沙子或者小鹅卵石买回来并不是很干净的，必须要通过浸泡和水洗，把其中的杂质和有害物质全部洗去。洗的时候可以加入食盐来杀灭其中的寄生虫和细菌。清洗沙子是一项比较繁重的工作，需要反复进行。

❷ 把沙子或者鹅卵石放入鱼缸中，做好造型。

这时，不种水草的缸就可以加水了。水要慢慢地沿缸壁流下来，不要破坏做好的造型。水注入后要闲置 1~2 天的时间，用加热棒把水温加到 30℃做最后的杀菌。

如果要种植水草，则在沙子放入后放入沉木、石块等造型工具，然后把水草种进去。这个时候种水草操作上比较方便，但是要快，因为水草不能离水时间太久。完成后用一块和鱼缸差不多大的薄塑料布轻轻盖在上面，然后在塑料布上面加水。等水加到需要的高度，再慢慢地把塑料布拿出来，打开照明和循环。三天后可以放闯缸鱼，一周之后放入热带鱼。

热带鱼比较害怕水质的忽然改变，所以放入新缸中也要有一个过程。首先要让热带鱼的水温和鱼缸中的水温一致，通常的方式是把装有热带鱼的塑料袋放在鱼缸中漂浮一阵，1 个小时左右水温就会一致。然后把鱼放入过渡小盆，慢慢地加入鱼缸中的水进行替换，每隔半小时替换 1/4 左右，大约 3~4 次之后塑料袋中基本都已经是鱼缸中的水了，这时候再缓缓地把鱼倒入鱼缸。

这种方法可以有效避免水草的造型被水流的冲力破坏，避免沙子或者泥的倒翻，也能很快营造出一个清澈美丽的鱼缸环境。

热带鱼放进鱼缸中的第一天不喂食，一周之内不换水，让硝化细菌赶快生长出来。两周之后开始缓慢而少量地换水，1 个月之后进入正常的养护阶段。

第三章 一般养护方法

热带鱼的挑选

新人挑选热带鱼，最好选择比较容易饲养、对环境要求不太高的热带鱼，比如各种常见的灯科鱼、孔雀、剑鱼、玛丽鱼、斗鱼、曼龙等等。这些鱼不仅漂亮，而且适应性比较强，很适合开始接触热带鱼的新人养殖。

选鱼的时候要首先注意卖鱼处的鱼缸水质。当鱼看上去不健康或者正在生病的时候，有些不法鱼商会加入高锰酸钾或者提高水温替它们治病，所以一旦发现水色不透明、颜色异常或者水温达到30℃以上，最好果断地放弃，另选其他鱼。

购买鱼时不要选择同类中体型最大的，最大的鱼有可能已经过了壮年期，步入老龄鱼的行列，这样的鱼买回来状态只会越来越差。很小的鱼苗鱼体太小，免疫系统发育不完全，抵抗力太差，回家养殖很容易死掉，也不宜选择。应该尽量选择比较健壮活泼的未成年鱼，按照它们成年的标准身长来计算，大约2/3身长的鱼比较合适。记得挑选活泼健硕的鱼，身上不能有奇怪的斑点血块。

还要注意一下颜色是否鲜艳，斑纹是否清晰，体态是否标准。尾巴残缺、鱼鳞残缺、胆小、畸形或者颜色不鲜艳的鱼最好不要选。

热带鱼的喂食

鱼食主要分为两大类：

❶ 活饵，也就是活体饲料。

❷ 人工饲料，也就是人工合成的饲料，有片状、颗粒饲料等等，也可以

分为漂浮饲料、沉底饲料等等。鱼食要根据不同鱼类的不同习惯进行选用。

喂食热带鱼最好做到定时定量，也要给热带鱼养成按时吃饭的好习惯,否则容易得肠炎之类的疾病。

一般来说,除了晚间出没的鱼类,其他鱼一般都在白天喂食。每种鱼的喂食次数有所不同,以一天 2~4 次比较好。如果工作繁忙,可以做到上班前喂食一次,下班后喂食一次。

体型小、活泼的热带鱼嘴小、胃口小,但是消耗量不小,可以多喂几次。体型大的鱼可以减少到一天喂食一次或者几天喂食一次。

喂食的量一般以 5 分钟内吃完为好。因为饵料分很多种,很多底料如果一次吃不完,会在水中粉碎、沉底或者溶解,它们慢慢腐败、变成有害的物质,会影响水质继而影响热带鱼的健康。

热带鱼的换水

换水分为定期换水和全部换水。

定期换水是定期抽取一部分的水,然后换进等量的净水。

抽取旧水的时候可以使用细长的橡皮管,采用虹吸的方法,把水底的污物和鱼粪便吸走,防止它们沉积在水中腐烂,进而影响水质。加入的新水如果是自来水,必须先放置 1~3 天的时间,让自来水中的氯气散发掉才可以倒入鱼缸中。这个步骤叫作“困水”。氯气对鱼和草的生长都不好,一定要是困过的自来水才可以加入。每次换水最好不要超过鱼缸原有水量的 1/4。鱼类一般不能接受大幅度的换水,所以每次换水不要多,否则鱼儿会不适应,严重的时候会死亡。

当鱼生病的时候，为了配合治疗、杜绝二次传染,有时候会需要进行全缸换水。全缸换水的时候,先把水全部抽出,然后把鱼缸里的物品连同鱼缸一起进行全部清洗。后面的步骤基本等同于重新开缸。这个方法比较费时费事,基本上都是在鱼生病的时候才会用到。

第四章 各种鱼类的养殖方法

红绿灯

红绿灯是非常有名的灯科鱼，基本上无人不知、无人不晓。它们属于灯科鱼中的佼佼者，体态艳丽，容易养殖。

产地

红绿灯原产于南美洲的秘鲁、巴西等地。红绿灯是灯科鱼中很有名的一种，全身青绿色，两侧各有一条明亮的色带，身体下半部还有红色带，在光线照射下，忽绿忽红，非常显眼，所以称之为红绿灯。红绿灯性格比较温顺，胆子比较小。身长一般在2~4厘米左右，属于鱼缸中的下层鱼。养殖红绿灯需要注意水质和水温的变化。红绿灯比较适合群游，所以最好养5条以上。

饲养管理

❶ 水质：红绿灯鱼对温度的要求很宽泛，水温控制在15℃~30℃之内一般都可以存活，水温处于22℃~25℃时最适宜其生长；水的酸碱度要求微酸性，pH值为5.5~6.5；红绿灯喜欢软水，所以不要频繁地换水，要保持水流的

循环，定期清除水中的毒素，为红绿灯提供良好的生长环境。

❷ 容器：红绿灯对环境要求不苛刻，容器的大小一般不会产生很大的影响，但也不要使用太小的缸来饲养。红绿灯喜欢稍微阴暗一点的环境，可以在缸底铺阴性水草，对其生长非常有利，也可以丰富鱼缸的视觉效果。每周大约换一指宽的水，换水的时候用软管通过虹吸来清除缸底的污物。如使用自来水，要先把自来水放置一天以上，去掉其中的氯气方可使用。

❸ 喂食：红绿灯适宜喂食漂浮水面的活体小虫或者片状饲料，因为它们喜欢在水面取食。红绿灯进食很快，一般在5分钟内吃完为宜。它们的胃口比较小，一般一天喂食1~2次。红绿灯一般能挨饿10天左右，但是最好不要让鱼长期饿肚子，否则鱼会生病或者畸形。喂食之后水面会产生油膜，用吸水纸在水面上拖动就可以清除。

繁殖管理

红绿灯鱼属于卵生。

水质：控制在pH5.5~6.5，硬度1~3左右。水温控制在24℃~26℃。

繁殖周期：大约一周时间，每年可以繁殖多次。产卵量大，每次可产200粒左右。

繁殖方法：选用一般的繁殖缸。放入非常洁净的软水，放入鹅卵石和金丝草等类似水草作为卵的附着物，置于阴暗处。选择适龄的亲鱼，6~12个月大的鱼即可繁殖。选2~4对适龄的亲鱼放入繁殖缸中，一般在第二天中午之前结束产卵，到时候可以将亲鱼捞出，防止红绿灯吃掉卵。

之后水温可以调节到26℃左右，大约24个小时小鱼就会孵出来。温度越低，小鱼孵出来的时间就越长。小鱼出来后温度调节到25℃左右，一周之后就可以投喂开口食物。开口食物可以用蛋黄稀释在水中，等到大一些可以投喂鱼虫等，这时候可以慢慢进入一些弱的散射光。

红绿灯繁殖比较简单，比较适合初养鱼的新手进行繁殖学习。

常见病防治

红绿灯的常见病有烂鳍病、烂鳃病、白点病、肠炎等等。

烂鳍病可以使用低浓度的高锰酸钾溶液消毒。

烂鳃病比较复杂，分寄生虫和病菌两种。寄生虫烂鳃病可以使用专杀药物溶于水中。病菌性的可以用食盐和苏打以1:1混合制成混合剂，每10千克水使用100克混合剂。

白点病是由“小瓜点”寄生虫引起的，把水温升高到30℃以上就可痊愈。

如患有肠炎，将家用抗生素施用一点入缸即可。

蓝眼灯

蓝眼灯也是灯科鱼中大名鼎鼎的一支。它们眼睛很大,而且泛有美丽的蓝色光,在水箱中,那点点蓝色荧光眼睛非常耀眼,即使在黑暗中也能看见明亮的蓝色。

产地

蓝眼灯原产于非洲西部。小型鱼种,身长在3~4厘米左右,也有叫女王蓝眼灯的。虽然名字叫作蓝眼灯,体型和样子也和灯科鱼非常类似,但蓝眼灯其实属于鳉鱼的一种。蓝眼灯性格比较温和,喜欢群游,所以最好不要单独养一条,养10条以上比较好。蓝眼灯的寿命比较短,通常只有1~2年。

饲养管理

❶ 水质:蓝眼灯对温度的要求不算太高,一般水温控制在20℃~30℃之内都可以存活,水温处于24℃~27℃时最适宜其生长。对水质要求宽泛,微碱性为佳,pH值为7~7.5,最好不要经常变动,否则会影响蓝眼灯鱼的健康。蓝眼灯属于鱼缸中的中层饲养鱼,要经常保持水流的循环,定期清除水中的毒素,为其提供良好的生长环境。

❷ 容器:蓝眼灯喜欢躲在水草中间,所以最好能在鱼缸中饲养一些水草。蓝眼灯对缸的大小没有太多的要求,但因为喜欢群居,所以不要用太小的缸来饲养。可以在缸底铺小型鹅卵石来过滤水质,保持水质的清澈度。每周大约换两指宽的水,换水的时候用软管通过虹吸来清除缸底的污物。如使用自来水,要先把自来水放置一天以上,去掉其中的氯气方可使用。平时可以放在有阳光的地方。可以混养,但是因为蓝眼灯属于鳉鱼,有时候会攻击其他鱼类,个人建议不要混养。

❸ 喂食:蓝眼灯不挑食,活食料和营养人工饲料都可以食用。蓝眼灯进食速度比较快,一般在1分钟内吃完为宜。蓝眼灯的肚子容量小,可以一天喂食2~4次。一般能挨饿一周以上,但是最好不要长期让鱼饿肚子,否则鱼会生病或者畸形。喂食之后水面会产生油膜,用吸水纸在水面上拖动就可以清除。

繁殖管理

蓝眼灯属于卵生。

水质:控制在pH7左右,硬度在10左右。水温控制在26℃~27℃。

繁殖周期：大约一周时间，一年可以繁殖多次。产卵量大，每次可产100~200粒。

繁殖方法：一般选择6个月以上的性成熟健康亲鱼，准备一个繁殖箱，种植一些水草，比如莫丝，把缸放在半明半暗的地方。选几对适龄的亲鱼放入繁殖缸中。水不用太满，过一段适应期后可能会产卵。产后可以把沾有受精卵的水草拿出来单独孵化，把新水草放入，也可以把亲鱼捞出，以防止它们吞食卵。可以加入一点点青霉素溶液进行杀菌消毒。

鱼卵一周就可以孵出小鱼苗，小鱼一般三天能够活动，活动就可以投喂开口食物，开口食物可以用蛋黄稀释在水中，等到鱼大一些可以投喂鱼虫等。投喂蛋黄水要经常换水，否则水质容易变坏。

蓝眼灯基本上属于非常容易繁殖的鱼种，即使不刻意进行繁殖，自己也能在水草中产卵孵化，所以在蓝眼灯草缸中经常能看见半透明小鱼苗，就是蓝眼灯自行繁殖出来的。蓝眼灯很适合新手试养。

常见病防治

蓝眼灯常见病有白点病、烂鳍病等。

白点病是由“小瓜点”寄生虫引起的，把水温升高到30℃以上，再加入治疗药剂，很快就可痊愈。

如果鱼患有烂鳍病，可以在水中加入微量食盐和抗生素防治。

红鼻剪刀

很多鱼友都喜欢群游的鱼，一群小鱼有秩序地一起在水中游来游去，是非常有趣的画面。说起群游性最好的鱼，我觉得非红鼻剪刀莫属。

产地

红鼻剪刀原产于南美洲，脂鲤科，身长一般在 3~6 厘米。鱼头部和吻部颜色鲜红，尾部的黑白条纹和剪刀类似，因此得名。不同种类的红鼻剪刀头部和吻部红色的分布不同。它们性格比较温和，喜欢群游，最好在鱼缸中能饲养 5 条以上，否则落单的红鼻剪刀会缩在角落郁郁寡欢。

饲养管理

❶ 水质：红鼻剪刀对温度的要求不算太高，一般水温控制在 20℃~30℃之内都可以存活，水温处于 22℃~26℃时最适宜其生长。要求水质为弱酸性，pH 值为 5~7，最好不要经常变动，否则会影响鱼的健康。红鼻剪刀属于鱼缸中的中上层饲养鱼，要经常保持水流的循环，定期清除水中的毒素，为红鼻剪刀提供良好的生长环境。

❷ 容器：红鼻剪刀喜欢躲在水草中间，所以最好能在鱼缸中饲养一些水草。不要使用太小的缸来饲养红鼻剪刀。在缸底铺小型鹅卵石来过滤水

质，保持水质的清澈度，对红鼻剪刀生长非常有利。每周大约换两指宽的水，换水的时候用软管通过虹吸来清除缸底的污物。如使用自来水，要先把自来水放置一天以上，去掉其中的氯气方可使用。

❸ 喂食：红鼻剪刀适宜喂食漂浮水面的小昆虫或者片状饲料，因为它们喜欢在水面取食。红鼻剪刀进食速度一般，一般在30秒内吃完为宜。红鼻剪刀的胃口比较小，一般一天喂食两次左右。红鼻剪刀一般能挨饿10天左右，但是最好不要长期让鱼饿肚子，否则鱼会生病或者畸形。喂食之后水面会产生油膜，用吸水纸在水面上拖动就可以清除。

❹ 特点：红鼻剪刀对于水质环境非常敏感，所以经常被用来当做测试水质好坏的重要标志。头部和吻部的红色会根据水质的不同而变化。假如水质不好、水温不合适或者鱼本身出现病变，红色部分就会减淡，甚至看不出来。如果夜间没有照明灯，在鱼缸缺氧的情况下，红色部分也会退色，有光后及氧含量恢复后会逐渐变红。

繁殖管理

红鼻剪刀属于卵生。

水质：控制在pH6.5，宜用非常软的水。软水可以把自来水多次煮沸放凉后使用，也可以使用蒸馏水或者纯净水。水温控制在25℃~27℃左右。

繁殖周期：大约一周时间，每年可以繁殖5~6次。产卵量大，每次可产100~200粒。

繁殖方法：一般6~9个月大的鱼，母鱼怀卵后腹部增大即可繁殖。首先要准备一个繁殖缸，里面种上丰富的细软水草，水位不要太深。选几对适龄的亲鱼放入繁殖缸中，过了适应期后可能会产卵。红鼻剪刀会吞食自己的卵，所以产卵后要把亲鱼捞出。孵化期要用黑纸套上鱼缸，黑暗环境有利于孵化。少量受精卵会在3~4天之后孵出，孵化情况非常不好。

小鱼出来后温度调节到25℃左右，一周之后就可以投喂开口食物，开口食物可以用蛋黄稀释在水中，等到鱼大一些可以投喂鱼虫等。

红鼻剪刀家庭繁殖比较困难，不太建议家中进行繁殖。

常见病防治

红鼻剪刀常见病有白点病、霓虹灯病等等。

白点病是由“小瓜点”寄生虫引起的，把水温升高到30℃以上，再加入治疗药剂，很快就可痊愈。

霓虹灯病是脂鲤科特有的寄生虫病，没有专杀的方法，可以采用驱虫药杀灭。

玻璃扯旗

玻璃扯旗鱼是一种晶莹剔透的热带鱼，因此被冠以“玻璃”。透明的小鱼在水中快速地穿梭，是一幅美妙轻灵的画面。

产地

玻璃扯旗原产南美洲委内瑞拉、巴西等境内的亚马逊河流域。脂鲤科。鱼身透明纤细，背鳍上有黑色的斑纹，像竖立的一面旗帜。这大约就是名字的由来，也有水族店称之为“黄扯旗”。玻璃扯旗性情温和，喜欢群游，适宜混养，属于鱼缸中的下层鱼。它们身长一般在2~5厘米。

饲养管理

❶ 水质：玻璃扯旗鱼对温度的要求很宽泛，一般水温控制在15℃~30℃之内都可以存活，水温处于23℃~26℃时最适宜其生长，如果水温太低则颜色会变浑浊，不如原先那么剔透。对水的酸碱度要求不高，pH值为6.5~7.5都可以健康生长；喜欢比较软的水，硬度7~8左右。平时要保持水流的循环，定期清除水中的毒素，为玻璃扯旗提供良好的生长环境。

❷ 容器：玻璃扯旗对环境要求不苛刻，容器的大小一般不会产生很大的影响。可以在缸底铺小型鹅卵石来过滤水质，保持水质的清澈度。玻璃扯旗比较喜欢有沙有草的环境，可以适当种一些水草。每周大约换两指宽的水，换水的时候用软管通过虹吸来清除缸底的污物。如使用自来水，要先把自来水放置一天以上，去掉其中的氯气方可使用。

❸ 喂食：玻璃扯旗不挑食，基本能适应大部分的饲料，但是因为嘴巴小，比较适宜喂食漂浮水面的片状饲料。玻璃扯旗进食很快，一般在20秒内吃完为宜；胃口比较小，一般一天喂食2~4次。玻璃扯旗一般能挨饿10天左右，但是最好不要长期让鱼饿肚子，否则鱼会生病或者畸形。

繁殖管理

玻璃扯旗鱼属于卵生。

水质：控制在pH6.7~7，硬度7左右。水温控制在25℃~27℃。

繁殖周期：大约一周时间，每年可以繁殖5~6次。产卵量大，每次可产500~1000粒。

繁殖方法：一般4~5个月大的鱼即可繁殖。选2~4对适龄的亲鱼放入

繁殖缸中,一般在第二天中午之前结束产卵。到时候可以将亲鱼捞出,因为玻璃扯旗会吃掉自己产的卵,可以在底层铺小鹅卵石进行预防。

如果鱼卵没有受精,卵会变白,要及时将其吸出。水温可以调节到28℃左右,大约24个小时小鱼就会孵出来。温度越低,小鱼孵出来的时间就越长。小鱼出来后温度调节到26℃左右,三天以后就可以投喂开口食物。开口食物可以用蛋黄稀释在水中,10天后可以投喂鱼虫等。注意食物替换要有适应过程。

玻璃扯旗繁殖比较简单,比较适合初次养鱼的新手试养。

常见病防治

玻璃扯旗的常见病有白点病、肠炎、霓虹灯病等等。

白点病是由“小瓜点”寄生虫引起的,一般把水温升高到30℃以上就可痊愈。

如果患有肠炎则将家用抗生素施用一点入缸即可。

霓虹灯病是脂鲤科特有的寄生虫病,没有专杀的方法。可以采用驱虫药杀灭。

一眉道人

小时候看过林正英的一部同名电影，内容没有太深的印象，名字倒是记得非常深刻。后来有一天竟然在水族店里见到了名字一模一样的热带鱼，顿觉非常有缘分。这就是大名鼎鼎的一眉道人。

产地

一眉道人原产于印度。鲤科。也叫作红眉道人，学名“丹尼氏无须鲃”。之所以被叫作一眉道人，是因为它的眼睛上部有一条很艳丽的红色条纹，身上还有显眼的黑色条纹。红黑的搭配非常耀眼，加上身长比一般的灯科鱼类要大，所以很讨鱼友的喜爱。一眉道人出现的时间比较晚，直到2003年才出现在香港市场，国内也是近几年才开始引进。这种鱼性格比较温和，身长在10~15厘米左右，属于鱼缸中的中层鱼。

饲养管理

❶ 水质：一眉道人对温度的要求很宽泛，一般水温控制在20℃~28℃之内都可以存活，水温处于23℃~26℃时最适宜其生长；对水的酸碱度要求不高，pH值为6.2~7.2；平时要保持水流的循环，定期清除水中的毒素，为一眉道人提供良好的生长环境。

❷ 容器：一眉道人体型不小，而且喜欢群游，所以一般养殖一定是 3 条以上，所以最好使用长 1 米以上的大缸来进行养殖。在缸底铺小型鹅卵石来过滤水质，保持水质的清澈度，对一眉道人的生长非常有利。它们喜欢水草丰富的环境，所以可以适当种一些水草。种植水草后要注意氧气问题。一眉道人属于喜欢高氧环境的鱼类，所以最好加上增氧工具保证水草和鱼的氧气供给。每周大约换 1/4 的水，换水的时候用软管通过虹吸来清除缸底的污物。如果使用自来水，要先把自来水放置一天以上，去掉其中的氯气方可使用。

❸ 喂食：一眉道人几乎什么饲料都吃，活食、人工饲料、漂浮水面的片状饲料都可以。一眉道人进食很快，一般在 1 分钟内吃完为宜；胃口比较大，一天可喂食两次。一眉道人一般能挨饿 20 天左右，但是最好不要长期让鱼饿肚子，否则鱼会生病或者畸形。喂食之后水面会产生油膜，用吸水纸在水面上拖动就可以清除。

繁殖管理

一眉道人鱼属于卵生。

因为一眉道人人工繁殖历史比较短，国内市场也鲜有繁殖成功的实例。据说国外曾用激素等手段繁殖成功过，不过这种方法已经不太适合家庭养鱼的鱼友了。

常见病防治

一眉道人的常见病有白点病、肠炎等等。

白点病是由“小瓜点”寄生虫引起的，把水温升高到 30℃以上加施白点病专杀药物就可痊愈。

如果患有肠炎则将家用抗生素施用一点入缸即可。

金水晶

记不得谁说过，凡是女孩都喜欢亮晶晶的东西。我自然也不例外，从小就对透明的物件比较着迷，透明的热带鱼也让我完全没有招架之力，比如以水晶为名和玻璃为名的鱼。它们在水中甚至能看见清晰的骨架，外形精致动人，让人感叹大自然造物之精巧神奇。

产地

金水晶原产于南美洲巴西亚马逊河流域，脂鲤科。通体透明，只在身体后半段到尾部上下有黄颜色，像水晶中的金水晶，温润而且过渡自然，是非常有趣的鱼种。金水晶鱼性格比较温和，喜欢群游，最好在鱼缸中能饲养3条以上，可以和其他灯科鱼混养。身长一般在3~5厘米左右。

饲养管理

❶ 水质：金水晶对温度的要求不算太高，一般水温控制在20℃~30℃之内都可以存活，水温处于22℃~26℃时最适宜其生长；要求水质为弱酸性，pH值为6.2~7，硬度7~8左右；pH值最好不要经常变动，否则会影响金水晶的健康。金水晶属于鱼缸中的中层饲养鱼，要经常保持水流的循环，定期清除水中的毒素，为金水晶提供良好的生长环境。

❷ 容器：金水晶喜欢水草和沙的环境，最好能在鱼缸中饲养一些水草。金水晶喜欢群居，所以不要使用太小的缸来饲养。在缸底铺沙石来过滤水质，保持水质的清澈度，对金水晶生长非常有利。每周大约换两指宽的水，换水的时候用软管通过虹吸来清除缸底的污物。如使用自来水，要先把自来水放置一天以上，去掉其中的氯气方可使用。

❸ 喂食：金水晶一般不挑食，活食、人工饲料、片状饲料都可以吃，进食速度一般，一般在30秒内吃完为宜。金水晶的胃口比较小，一天喂食两次左右。金水晶一般能挨饿10天左右，但是最好不要长期让鱼饿肚子，否则鱼会生病或者畸形。喂食之后水面会产生油膜，用吸水纸在水面上拖动就可以清除。

繁殖管理

金水晶属于卵生。

水质：控制在pH6.5，硬度6左右。水温控制在25℃~26℃。

繁殖周期:大约一周时间,每年可以繁殖 5~6 次。产卵量不大,每次可产 50~100 粒。

繁殖方法:一般 6 个月以上的鱼,母鱼怀卵后腹部增大即可繁殖。首先要准备一个尺寸适中的鱼缸,里面种上丰富的细软水草,水位不要太深。选几对适龄的亲鱼放入繁殖缸中,过一段适应期后可能会产卵。金水晶会吞食自己的卵,所以产后要把亲鱼捞出。孵化期将鱼缸放置在阴暗环境中有利于孵化。受精卵会在一天之后孵出,小鱼出来三天之后就可以投喂开口食物。开口食物可以用蛋黄稀释在水中,等到鱼大一些可以投喂鱼虫等。注意食物更换之间要有适应期。

金水晶家庭繁殖比较困难,不推荐家中进行繁殖。

常见病防治

金水晶常见病有白点病、霓虹灯病等等。

白点病是由“小瓜点”寄生虫引起的,把水温升高到 30℃以上,再加入治疗药剂,很快就可痊愈。

霓虹灯病是脂鲤科特有的寄生虫病,没有专杀的方法,可以采用驱虫药杀灭。

白云金丝

白云金丝，是一个富含中国味的名字，这是一种原产于中国的热带灯科鱼。我国鲜有淡水热带鱼，而这种白云金丝是 20 世纪三四十年代在广州白云山发现的，所以取名叫作白云金丝。

产地

白云金丝原产于中国广州北郊。鲤科。因为原产中国，在国内鱼友中非常有名气。它们的两侧各有一条明亮的黄色带，在光线照射下，流光溢彩，美轮美奂，因而得名。白云金丝性格比较温顺，胆子比较小。它们身长一般在 2~4 厘米左右，属于鱼缸中的中上层鱼，适合群游，所以最好养 5 条以上。白云金丝原产我国，比较能够适应中国南部的天气，相对其他的热带鱼来说容易上手。

饲养管理

❶ 水质：白云金丝鱼对温度的要求很宽泛，一般水温控制在 5℃~30℃之内都可以存活，水温处于 21℃~25℃时最适宜其生长，但是水温不要长期低于 15℃，否则对鱼的健康会有影响；水要求微酸性，pH 值为 6.5~7；白云

金丝喜欢软水，硬度 7 左右，所以不要频繁地换水，而要保持水流的循环，定期清除水中的毒素，为白云金丝提供良好的生长环境。

❷ 容器：白云金丝对环境要求不苛刻。容器的大小一般不会产生很大的影响，但也不要使用太小的缸来饲养。在缸中种植一些水草，对白云金丝生长非常有利。白云金丝喜欢有一点光的环境，每周大约换一指宽的水，换水的时候用软管通过虹吸来清除缸底的污物。如使用自来水，要先把自来水放置一天以上，去掉其中的氯气方可使用。

❸ 喂食：白云金丝食物广泛，适宜喂食漂浮水面的活体小虫或者片状饲料，因其喜欢在水面取食。白云金丝进食很快，一般在 1 分钟内吃完为宜；它们的胃口比较小，一天喂食 1~2 次。白云金丝一般能挨饿 10 天左右，但是最好不要长期饿肚子，否则鱼会生病或者畸形。喂食之后水面会产生油膜，用吸水纸在水面上拖动就可以清除。

繁殖管理

白云金丝鱼属于卵生。

水质：控制在 pH6.5~7，硬度 6~7 左右。水温控制在 24℃~26℃。

繁殖周期：大约一周时间。每年可以繁殖多次，产卵量大，每次可产 200 粒左右。

繁殖方法：选用一般的繁殖缸，放入非常洁净的软水，放鹅卵石和丝草等类似水草作为卵的附着物，放于阳光散射处。选择适龄的亲鱼，6~12 个月大的鱼即可繁殖。选 2~4 对适龄的亲鱼放入繁殖缸中，一般在第二天中午之前结束产卵。到时候可以将亲鱼捞出，防止白云金丝吃掉卵。

然后，水温可以调节到 26℃左右，大约 24~48 个小时小鱼就会孵出来。温度越低小鱼孵出来的时间就越长。小鱼出来后温度调节到 25℃左右，3~4 天之后就可以投喂开口食物。开口食物可以用蛋黄稀释在水中，等到鱼大一些可以投喂鱼虫等。

白云金丝繁殖比较简单，比较适合初养鱼的新手试养。

常见病防治

白云金丝的常见病有烂鳃病、白点病、肠炎等等。

烂鳃病比较复杂，分寄生虫和病菌两种。寄生虫烂鳃病可以使用专杀药物溶于水中。病菌性则可以用食盐和苏打以 1:1 制成混合剂，每 10 千克水使用 100 克混合剂。

白点病是由“小瓜点”寄生虫引起的，把水温升高到 30℃以上就可痊愈。

如果患有肠炎，则将家用抗生素施用一点入缸即可。

银屏灯

银屏灯，水族店也称为电眼灯鱼，是一种中规中矩的灯科鱼，也是比较容易上手的新手鱼。

产地

银屏灯原产于南美洲亚马逊河一带。拟鲤科，又叫电眼灯鱼。眼眶上有红色的反光，尾巴有黑色的斑纹，身长在4~7厘米左右。银屏灯鱼性格温和，可以和其他灯科鱼混养，喜欢群居，群游，属于鱼缸中的中上层鱼。

饲养管理

❶ 水质：银屏灯鱼对温度的要求很宽泛，一般水温控制在15℃~30℃之内都可以存活，水温处于20℃~25℃时最适宜其生长；对水的酸碱度要求为弱酸性，pH值为6.5~7.2；硬度6左右。要保持水流的循环，定期清除水中的毒素，为银屏灯提供良好的生长环境。

❷ 容器：银屏灯对环境要求不高。容器的大小一般不会产生很大的影响，但是银屏灯是群游，所以不要用小缸来养殖。可以在缸底铺底沙来过滤水质，保持水质的清澈度。银屏灯喜欢水草丰富的环境，因此可以种一些阴性的水草。每周大约换一指宽的水，换水的时候用软管通过虹吸来清除缸底的污物。如使用自来水，要先把自来水放置一天以上，去掉其中的氯气方可使用。

❸ 喂食：银屏灯不挑食，活食、人工颗粒饲料都可以，比较适宜喂食漂浮水面的片状饲料，因为银屏灯喜欢在水面取食。银屏灯进食很快，一般在20秒内吃完为宜。它们胃口比较小，一般一天喂食2~4次，一般能挨饿20天左右，但是最好不要长期让鱼饿肚子，否则鱼会生病或者畸形。喂食之后水面会产生油膜，用吸水纸在水面上拖动就可以清除。

繁殖管理

银屏灯鱼属于卵生。

水质：控制在pH5.5~6.5，硬度为2。水温控制在25℃~26℃。软水可以通过反复煮沸法来得到，也可以用纯净水或者蒸馏水。

繁殖周期：大约一周时间，每年可以繁殖5~6次。产卵量大，每次可产300~500粒左右。

繁殖方法：一般8~10个月大的鱼即可繁殖。准备一个中等大小的繁

殖缸，植入少量金丝草等附着受精卵。选 2~5 对适龄的亲鱼放入繁殖缸中，把鱼缸放在阴暗处。一般在第二天中午之前结束产卵，到时候可以将亲鱼捞出。银屏灯会吃掉自己产的卵，因此可以在底层铺上小鹅卵石进行预防。

如果鱼卵没有受精，卵会变白，要及时吸出。水温可以调节到 25℃左右，大约 36~48 个小时小鱼就会孵出来。温度越低，小鱼孵出来的时间就越长。小鱼出来后温度调节到 25℃左右，一周之后就可以投喂开口食物。开口食物可以用蛋黄稀释在水中，等到鱼大一些可以投喂鱼虫等。

银屏灯繁殖比较简单，比较适合初养鱼的新手进行繁殖学习。

常见病防治

银屏灯的常见病有烂鳍病、白点病、肠炎等等。

烂鳍病可以使用低浓度的高锰酸钾溶液消毒。

白点病是由“小瓜点”寄生虫引起的，把水温升高到 30℃以上就可痊愈。

如果患有肠炎则将家用抗生素施用一点入缸即可。

玫瑰扯旗

扯旗在灯鱼中算是比较好辨认的一种，只要见到背鳍高高翘起，特别地神气，基本就是扯旗鱼了。扯旗一般体型较小，讨人喜欢。玫瑰扯旗就是其中的一种，因通体颜色瑰丽而得名。

产地

玫瑰扯旗原产南美洲委内瑞拉、巴西等境内的亚马逊河流域。脂鲤科。背鳍高，且身上有黑色、白色和玫瑰色的斑纹，像竖立的一面国旗。其余的鳍上有玫瑰色的斑纹，所以叫作玫瑰扯旗。这种鱼比较活泼，喜欢群游，可以混养，但是玫瑰扯旗喜欢啄长鱼鳍，所以不要和有宽大鱼鳍的鱼类混养，否则会有悲剧发生。它们身长一般在2~5厘米左右，属于鱼缸中的中下层鱼。

饲养管理

❶ 水质：玫瑰扯旗鱼对温度的要求很宽泛，一般水温控制在15℃~30℃之内都可以存活，水温处于22℃~26℃时最适宜生长，水温太低颜色会变浑浊，不如原先那么鲜艳；对水的酸碱度要求为弱酸性，pH值为6.5~7都可以健康生长；喜欢比较软的水，硬度5~7左右。平时要保持水流的循环，定期

清除水中的毒素，为玫瑰扯旗提供良好的生长环境。

❷ 容器：容器的大小一般不会对玫瑰扯旗产生很大的影响。可以在缸底铺小型鹅卵石来过滤水质，保持水质的清澈度。玫瑰扯旗比较喜欢有沙有草的环境，因此也可以适当种一些水草。每周大约换两指宽的水，换水的时候用软管通过虹吸来清除缸底的污物。如使用自来水，要先把自来水放置一天以上，去掉其中的氯气方可使用。

❸ 喂食：玫瑰扯旗不挑食，基本能适应大部分饲料，比较偏爱活食。玫瑰扯旗进食很快，一般在 1 分钟内吃完为宜，一天喂食 1~2 次。玫瑰扯旗一般能挨饿 10 天左右，但是最好不要长期让鱼饿肚子，否则鱼会生病或者畸形。

繁殖管理

玫瑰扯旗鱼属于卵生。

水质：控制在 pH6.5~7，硬度 5~7 左右。水温控制在 25℃~27℃。

繁殖周期：大约一周时间，每年可以繁殖 5~6 次，每次产卵 200~300 粒左右。

繁殖方法：一般 7~9 个月大的鱼即可繁殖。准备繁殖缸，铺底沙，种植莫丝水草。选 2~4 对适龄的亲鱼放入繁殖缸中，繁殖箱放在阴暗处。一般在第二天中午之前结束产卵，到时候可以将亲鱼捞出。玫瑰扯旗会吃掉自己产的卵，可以在底层铺小鹅卵石，防止玫瑰扯旗吃掉卵。

如果鱼卵没有受精，卵会变白，要及时地吸出。水温可以调节到 25℃左右，大约 35 个小时小鱼就会孵出来。温度越低，小鱼孵出来的时间就越长。小鱼出来后温度调节到 26℃左右，三天以后就可以投喂开口食物。开口食物可以用蛋黄稀释在水中，10 天后可以投喂鱼虫等。注意食物替换要有适应过程。

玫瑰扯旗繁殖比较简单，比较适合养鱼新手进行繁殖学习。

常见病防治

玫瑰扯旗的常见病有白点病、肠炎、霓虹灯病等等。

白点病是由“小瓜点”寄生虫引起的，把水温升高到 30℃以上即可痊愈。

如果患有肠炎则将家用抗生素施用一点入缸即可。

霓虹灯病是脂鲤科的特有的寄生虫病，没有专杀的方法。可以采用驱虫药杀灭。

斑马

我们常常能在循环水景中看见这种通体红色的小精灵。在它们快速的游动中，背上的白色条纹清晰可辨。这种活泼的小鱼叫作斑马，是很贴切的名字。它们穿插在绿草和灰石之中鲜艳动人，是水景中很好的点缀。

产地

斑马原产于印度、孟加拉一带。因为鱼身有横条纹，在我国被称为斑马。其种类有红斑马、蓝斑马、紫斑马等，不同种类的斑马鱼身体的颜色不同，如红斑马红底白条纹，蓝斑马蓝底银色条纹等等。它们身长一般在3-5厘米左右，活泼好动。

饲养管理

❶ 水质：斑马鱼对温度的要求很宽泛，一般水温控制在10℃~30℃之内都可以存活，水温处于20℃~25℃时最适宜其生长；对水的酸碱度要求不高，pH值为6.5~7.5；也比较耐贫氧。但要保持水流的循环，定期清除水中的毒素，为斑马提供良好的生长环境。

❷ 容器：斑马对环境的要求不苛刻，容器的大小一般不会产生很大的影响。如果在缸底铺小型鹅卵石来过滤水质，保持水质的清澈度，对斑马生长非常有利，也可以适当种一些水草，丰富鱼缸的视觉效果。每周大约换两指宽的水，换水的时候用软管通过虹吸来清除缸底的污物。如使用自来水，要先把自来水放置一天以上，去掉其中的氯气方可使用。

❸ 喂食：斑马适宜喂食漂浮水面的片状饲料，因为它们喜欢在水面取事。斑马进食很快，一般在20秒内吃完为宜；胃口比较小，一天喂食2~4次。斑马一般能挨饿20天左右，但是最好不要长期饿肚子，否则鱼会生病或者畸形。喂食之后水面会产生油膜，用吸水纸在水面上拖动就可以清除。

繁殖管理

斑马鱼属于卵生。

水质：控制在pH6.5~7.5，硬度7左右。水温控制在25℃~26℃。

繁殖周期：大约一周时间，每年可以繁殖5~6次。产卵量大，每次可产300~1000粒。

繁殖方法：4~5个月大的鱼即可繁殖。选2~4对适龄的亲鱼放入繁殖缸

中，一般在第二天中午之前结束产卵。到时候可以将亲鱼捞出，因为斑马会吃掉自己产的卵，可在底层铺小鹅卵石，防止斑马吃卵。

到晚上10点，如果鱼卵没有受精，卵会变白，及时吸出。水温可以调节到28℃左右，大约36个小时小鱼就会孵出来。温度越低，小鱼孵出来的时间就越长。小鱼出来后温度调节到25℃左右，一周之后就可以投喂开口食物。开口食物可以用蛋黄稀释在水中，等到鱼大一些可以投喂鱼虫等。

斑马繁殖比较简单，比较适合养鱼新手进行繁殖学习。

常见病防治

斑马的常见病有烂鳍病、烂鳃病、白点病、肠炎等等。

烂鳍病可以使用低浓度的高锰酸钾溶液消毒。

烂鳃病比较复杂，分寄生虫和病菌两种。寄生虫烂鳃病可以使用专杀药物溶于水中。病菌性可以用食盐和苏打以1:1制成混合剂，每10千克水使用100克混合剂。

白点病是由“小瓜点”寄生虫引起的，把水温升高到30℃以上就可痊愈。

如果患有肠炎则将家用抗生素施用一点入缸即可。

迷你灯

迷你灯是一种体型较小的灯鱼。通体金黄，再配上黑色的斑点，煞是可爱。如果有一群群迷你灯群游，小小的鱼缸瞬间就能演变为电视里飘着灯光的江河缩影。

产地

迷你灯原产南美洲巴西等境内的亚马逊河流域。脂鲤科，也叫作黄日光灯、金线灯、金针灯等等。迷你灯身长2~3厘米左右，活泼好动，甚至有些凶猛，有比较强的地域感，不太合适混养。它们属于鱼缸中的中层鱼。

饲养管理

❶ 水质：迷你灯鱼对温度的要求很宽泛，一般水温控制在15℃~30℃之内都可以存活，水温处于23℃~28℃时最适宜其生长；对水的酸碱度要求不高，pH值为6.5~7.5都可以健康生长；软硬度要求也不高，硬度5~15均可。平时要保持水流的循环，定期清除水中的毒素，为迷你灯提供良好的生长环境。

❷ 容器：迷你灯体型较小，对环境要求不苛刻。容器的大小一般不会产生很大的影响。但是因为迷你灯喜欢群游，建议一次养 5 条以上比较好。可以在缸底铺底沙来过滤水质，保持水质的清澈度；迷你灯比较喜欢有沙有草的环境，也可以适当种一些水草。每周大约换两指宽的水，换水的时候用软管通过虹吸来清除缸底的污物。如使用自来水，要先把自来水放置一天以上，去掉其中的氯气方可使用。

❸ 喂食：迷你灯不挑食，基本能适应大部分饲料，但是比较偏好吃活食。迷你灯进食很快，一般在 20 秒内吃完为宜。它们的胃口比较小，一天需喂食 2~4 次。这种鱼一般能挨饿 10 天左右，但是最好不要长期让鱼饿肚子，否则会生病或者畸形。

繁殖管理

迷你灯鱼属于卵生。

水质：控制在 pH6.5~7，硬度 7 左右。水温控制在 25℃~27℃。

繁殖周期：大约一周时间，每年可以繁殖 5~6 次。产卵量大，每次可产 100~200 粒。

繁殖方法：准备繁殖箱，种植一些莫丝水草。一般 4~5 个月大的鱼即可繁殖。选 2~4 对适龄的亲鱼放入繁殖缸中，繁殖缸放置阴暗处。一般在第二天中午之前结束产卵，到时候可以将亲鱼捞出；迷你灯会吃掉自己产的卵，因此可以在底层铺小鹅卵石防止吃卵。如果鱼卵没有受精，卵会变白，要及时地吸出。水温可以调节到 26℃左右，大约 24 个小时小鱼就会孵出来。温度越低，小鱼孵出来的时间就越长。三天左右就可以投喂开口食物，开口食物可以用蛋黄稀释在水中，10 天后可以投喂鱼虫等。注意食物替换要有适应过程。

迷你灯家庭繁殖比较困难，不建议新手试养。

常见病防治

迷你灯的常见病有白点病、肠炎、霓虹灯病等等。

白点病是由“小瓜点”寄生虫引起的，把水温升高到 30℃以上就可痊愈。

如果患有肠炎则将家用抗生素施用一点入缸即可。

霓虹灯病是脂鲤科特有的寄生虫病，没有专杀的方法，可以采用驱虫药杀灭。

头尾灯

头尾灯，乍看容易和银屏灯弄混，其实二者有比较明显的区别。头尾灯，顾名思义，眼眶处和尾巴上都有明亮的黄色光斑，两者的体型也略有不同，头尾灯的腹部到尾巴处更窄一些。

产地

头尾灯原产于南美洲亚马逊河一带。脂鲤科，又叫电灯鱼、提灯鱼等等。眼眶上有红色的反光，尾巴有黑色的斑纹，性格温和，可以和其他灯科鱼混养，喜欢群居、群游。身长一般在3~5厘米左右，属于鱼缸中的中层鱼。

饲养管理

❶ 水质：头尾灯鱼对温度的要求很宽泛，一般水温控制在15℃~30℃之内都可以存活，水温处于22℃~25℃时最适宜其生长，不要让水长期低温，否则鱼容易褪色生病；对水的酸碱度要求为弱酸性，pH值为6.8~7.2；硬度6左右。要保持水流的循环，定期清除水中的毒素，为头尾灯提供良好的生长环境。

❷ 容器：头尾灯对环境要求不高，容器的大小一般不会产生很大的影响，但是头尾灯是群游，所以建议不要用小缸来养殖。可以在缸底铺底沙来过滤水质，保持水质的清澈度。头尾灯喜欢水草丰富的环境，所以可以种一些阴性的水草。每周大约换一指宽的水，换水的时候用软管通过虹吸来清除缸底的污物。如使用自来水，要先把自来水放置一天以上，去掉其中的氯气方可使用。

❸ 喂食：头尾灯不挑食，活食、人工颗粒饲料都可以，比较适宜喂食活食。头尾灯进食很快，一般在1分钟内吃完为宜；胃口不大，一天可喂食两次。一般能挨饿20天左右，但是最好不要长期让鱼饿肚子，否则鱼会生病或者畸形。喂食之后水面会产生油膜，用吸水纸在水面上拖动就可以清除。

繁殖管理

头尾灯鱼属于卵生。

水质：控制在pH6.5~7，硬度7左右。水温控制在24℃~26℃。

繁殖周期：大约10天时间，每年可以繁殖5~6次。产卵量大，每次可产100~300粒。

繁殖方法:9~10 个月大的鱼即可繁殖。准备一个中等大小的繁殖缸,植入少量莫丝草等附着受精卵。选 2~5 对适龄的亲鱼放入繁殖缸中,把鱼缸放在阴暗处。一般在第二天中午之前结束产卵,到时候可以将亲鱼捞出。头尾灯会吃掉自己产的卵,可以在底层铺小鹅卵石防止吃卵。

如果鱼卵没有受精,卵会变白,要及时吸出。水温可以调节到 25℃左右,大约 24 个小时小鱼就会孵出来。温度越低,小鱼孵出来的时间就越长。小鱼出来后温度调节到 25℃左右,三天之后就可以投喂开口食物。开口食物可以用蛋黄稀释在水中,等到鱼大一些可以投喂鱼虫等。

头尾灯繁殖比较简单,比较适合养鱼新手进行繁殖学习。

常见病防治

头尾灯的常见病有烂鳍病、白点病、肠炎等等。

烂鳍病可以使用低浓度的高锰酸钾溶液消毒。

白点病是由“小瓜点”寄生虫引起的,把水温升高到 30℃以上即可痊愈。

如果患有肠炎则将家用抗生素施用一点入缸即可。

黑裙

像是在参加一场盛大的舞会，黑裙鱼拖着宽大的臀鳍在水中翩翩起舞，它们的身体两侧点缀着黑白相间的条纹，显得婀娜多姿，高贵迷人。

产地

黑裙原产于南美洲，巴西、阿根廷等周围国家均有分布。其因为臀鳍宽大美丽，具有很强的观赏性而被称为黑裙，民间也有叫作黑牡丹的。脂鲤科。活泼好动，但是比较胆小，怕受到惊吓。黑裙身长一般在3~7厘米，属于群居型，群游性比较好，属于鱼缸中的中层鱼。

饲养管理

❶ 水质：黑裙鱼对温度的要求很宽泛，一般水温控制在15℃~30℃之内都可以存活，水温处于23℃~26℃时最适宜其生长；对水的酸碱度要求为弱酸性，pH值为6.5~7；硬度6~7左右。要保持水流的循环，定期清除水中的毒素，为黑裙提供良好的生长环境。

❷ 容器：黑裙对环境要求不苛刻。容器的大小一般不会产生很大的影

响。可以在缸底铺小型鹅卵石来过滤水质，保持水质的清澈度，也可以适当种一些水草，丰富鱼缸的视觉效果。每周大约换两指宽的水，换水的时候用软管通过虹吸来清除缸底的污物。如使用自来水，要先把自来水放置一天以上去掉其中的氯气方可使用。可以混养，混养的品种最好选择灯鱼。

❸ 喂食：黑裙对食物不挑剔。活食和人工饲料都可，黑裙嘴小，适合细小的饲料；它们进食很快，一般在 20 秒内吃完为宜。黑裙的胃口比较小，一天喂食 1~2 次；一般能挨饿 20 天左右，但是最好不要长期让鱼饿肚子。喂食之后水面会产生油膜，用吸水纸在水面上拖动就可以清除。

繁殖管理

黑裙鱼属于卵生。

水质：控制在 pH6.7~7，硬度 4 左右。水温控制在 25℃~27℃。

繁殖周期：大约一周时间，每年可以繁殖 5~6 次。产卵量大，每次可产 300~1000 粒。

繁殖方法：一般 8 个月以上的鱼即可繁殖。按照雌雄 2∶1 的比例选 2~4 对适龄的亲鱼放入繁殖缸中，缸中最好种上一些水草。产卵之后就可以将亲鱼捞出，因为黑裙会吃掉自己产的卵，所以可以在底层铺小鹅卵石，防止黑裙吃掉卵。

如果鱼卵没有受精，卵会变白，要及时吸出。水温可以调节到 26℃左右，大约 24 个小时小鱼就会孵出来。温度越低，小鱼孵出来的时间就越长。小鱼出来后温度调节到 25℃左右，三天之后就可以投喂开口食物。开口食物可以用蛋黄稀释在水中，等到鱼大一些可以投喂鱼虫等。

黑裙繁殖比较简单，比较适合养鱼新手进行繁殖学习。

常见病防治

黑裙的常见病有烂鳍病、烂鳃病、白点病、霓虹灯病等等。

烂鳍病可以使用低浓度的高锰酸钾溶液消毒。

烂鳃病比较复杂，分寄生虫和病菌两种。寄生虫烂鳃病可以使用专杀药物溶于水中。病菌性的可以用食盐和苏打以 1:1 制成混合剂，每 10 千克水使用 100 克混合剂。

白点病是由“小瓜点”寄生虫引起的，把水温升高到 30℃以上就可痊愈。

霓虹灯病是脂鲤科的特有的寄生虫病，没有专杀的方法。可以采用驱虫药杀灭。

彩裙

如果说黑裙是耀眼迷人的贵妇，那么彩裙就是冰清玉洁的公主。对透明鱼种有偏好的鱼友往往很喜欢彩裙。它们透明洁白的身体上透出一点粉色的彩晕，在水中穿梭的倩影就像白天鹅的舞蹈那般美好。

产地

彩裙属于黑裙的人工变异品种，所以习性近似于黑裙。原产于南美洲，在巴西、阿根廷等周围国家均有分布。脂鲤科。彩裙鱼身长一般在 3~7 厘米，臀鳍宽大美丽，飘飘欲仙，具有很强的观赏性。它们比较胆小，容易受到惊吓，属于群居型，群游性比较好，是鱼缸中的中下层鱼。

饲养管理

❶ 水质：彩裙鱼对温度的要求很宽泛，一般水温控制在 15℃~30℃之内都可以存活，水温处于 23℃~26℃时最适宜其生长，低水温时间不宜过长，否则鱼身色彩浑浊或者变淡；对水的酸碱度要求为弱酸性，pH 值为 6.5~7，硬度 5~6 左右。要保持水流的循环，定期清除水中的毒素，为彩裙提供良好的生长环境。

❷ 容器：彩裙对容器大小要求不苛刻。饲养的时候可以在缸底铺小型鹅卵石或者底沙来过滤水质，保持水质的清澈度，也可以适当种一些水草。每周大约换两指宽的水，换水的时候用软管通过虹吸来清除缸底的污物。如使用自来水，要先把自来水放置一天以上，去掉其中的氯气方可使用。可以混养，混养的品种最好选择灯鱼或者黑裙鱼。

❸ 喂食：彩裙对食物不挑剔，活食和人工饲料都可以，但是比较偏爱吃活食。彩裙嘴小，适合细小的饲料，它们进食很快，一般在 20 秒内吃完为宜。彩裙的胃口比较小，一天可喂食 1~2 次，一般能挨饿 20 天左右，但是最好不要长期让鱼饿肚子，否则鱼会生病或者畸形。喂食之后水面会产生油膜，用吸水纸在水面上拖动就可以清除。

繁殖管理

彩裙鱼属于卵生。

水质：控制在 pH6.7~7，硬度 6 左右。水温控制在 25℃~27℃。

繁殖周期：大约两周时间，每年可以繁殖 5~6 次。产卵量不算太大，每

次可产 100~300 粒。

繁殖方法：一般 6 个月以上的鱼即可繁殖。按照雌雄 2∶1 的比例选 2~4 对适龄的亲鱼放入繁殖缸中。鱼缸要放在阴暗安静的地方，缸中最好种上一些金丝水草。产卵之后就可以将亲鱼捞出。因为彩裙会吃掉自己产的卵，所以可以在底层铺小鹅卵石，防止彩裙吃掉卵。

如果鱼卵没有受精，卵会变白，要及时地吸出。水温可以调节到 26℃左右，大约 24 个小时小鱼就会孵出来。温度越低，小鱼孵出来的时间就越长。小鱼出来后温度调节到 25℃左右，三天之后就可以投喂开口食物。开口食物可以用蛋黄稀释在水中，等到鱼大一些可以投喂鱼虫等。

彩裙繁殖比较简单，比较适合养鱼新手进行繁殖学习。

常见病防治

彩裙的常见病有烂鳍病、烂鳃病、白点病、霓虹灯病等等。

烂鳍病可以使用低浓度的高锰酸钾溶液消毒。

烂鳃病比较复杂，分寄生虫和病菌两种。寄生虫烂鳃病可以使用专杀药物溶于水中。病菌性的可以用食盐和苏打以 1:1 制成混合剂，每 10 千克水中使用 100 克混合剂。

白点病是由“小瓜点”寄生虫引起的，把水温升高到 30℃以上就可痊愈。

霓虹灯病是脂鲤科的特有的寄生虫病，没有专杀的方法，可以采用驱虫药杀灭。

虎皮

虎皮顾名思义，是像老虎一样身上有黑色的花纹，非常显眼夺目。

产地

虎皮原产于马来西亚、印尼一带。鲤科，又叫四间鲫鱼。因为身上有黑色条纹，像老虎身上的竖纹，所以称之为虎皮鱼。按颜色和斑纹来区分，常见有金虎皮、绿虎皮等。虎皮性格比较活泼，非常贪吃，喜欢抢食，身长一般在 5~7 厘米左右。

饲养管理

❶ 水质：虎皮对温度的要求不算太高，一般水温控制在 15℃~30℃之内都可以存活，水温处于 24℃~26℃时最适宜生长；喜欢含氧量高的水。要求水质为弱酸性，pH 值为 5~7。虎皮属于鱼缸中的中层饲养鱼，要经常保持水流的循环，定期清除水中的毒素，为虎皮提供良好的生长环境。不要经常改变水温，虎皮对水温变化很敏感，经常改变水温会导致鱼体生病甚至死亡。

❷ 容器：虎皮喜欢在水中快速穿梭，所以最好能在鱼缸中饲养一些水

草,放置几块沉木。不要使用太小的缸来饲养虎皮,否则游动不开。一次最好多养几条,可以欣赏它们互相追逐嬉戏的场景。在缸底铺小型鹅卵石可以帮助过滤水质,保持水质的清澈度。每周大约换两指宽的水,换水的时候用软管通过虹吸来清除缸底的污物。如使用自来水,要先把自来水放置一天以上,去掉其中的氯气方可使用。

❸ 喂食:虎皮杂食,非常贪吃,所以多种饲料都可以喂食,但是以活体饲料为佳。虎皮进食速度很快,一般在 15 秒内吃完为宜;它们的胃口比较大,一天喂食 1 次即可。虎皮一般能挨饿 15 天左右,但是最好不要长期让鱼饿肚子,否则鱼会生病或者畸形。喂食之后水面会产生油膜,用吸水纸在水面上拖动就可以清除。

❹ 特点:一般来说虎皮可以和其他的小型热带鱼混养,但是虎皮喜欢啄食其他鱼类的长鳍,像燕子、神仙鱼一类欣赏长鳍的鱼类就绝对不能和虎皮一起饲养,否则神仙一定会被咬得非常难看。

繁殖管理

虎皮属于卵生。

水质:控制在 pH6~7,硬度 5 左右。水温控制在 27℃。

繁殖周期:大约一周时间,每年可以繁殖 5~6 次。产卵量大,每次可产 200~500 粒。

繁殖方法:一般来说,长到 4 厘米大的鱼,母鱼怀卵后腹部增大,雄鱼鼻子和尾巴出现红色时,即可繁殖。首先要准备一个大鱼缸,里面种上丰富的细软水草,如莫丝。可以在缸中加入 1/3~1/2 的蒸馏水或者纯净水加速繁殖。选几对适龄的亲鱼放入繁殖缸中,过一段适应期后可能会产卵。虎皮贪吃,会吞食自己的卵,所以产后要及时把亲鱼捞出,或者在底层铺小鹅卵石防止吞卵。受精卵会在 24~30 个小时之后孵出,过 2~3 天幼鱼就能游动。

小鱼出来后温度调节到 25℃左右,一周之后就可以投喂开口食物。开口食物可以用蛋黄稀释在水中。等到鱼大一些可以投喂鱼虫等。

虎皮的家庭繁殖比较简单,新手可以用来做养殖练习。

常见病防治

虎皮常见有白点病、鳞立病等等。

白点病是由“小瓜点”寄生虫引起的,把水温升高到 30℃以上,再加入治疗药剂,很快就可痊愈。

鳞立病一般会产生在天气冷的时候或者水温骤升骤降的时候,可以将食盐溶解在抗生素里,取一点放于水中治疗。

蓝鲨

有一种海水中的大型鲨鱼也叫蓝鲨，那是一种可以杀人的肉食鲨鱼。但是此蓝鲨并非彼蓝鲨，这里的蓝鲨是一种轻盈的热带鱼。

产地

蓝鲨原产于亚洲泰国、马来西亚等地。鲶鱼科，属于虎头鲨的一种。蓝鲨身长在10~12厘米左右，在原产地是一种食用鱼，性格比较温和，一般都是和其他热带鱼混养。它们属于鱼缸中的底层鱼。因为有吃腐殖质的特点，所以常常被当做清理鱼缸垃圾的工具鱼来养殖。

饲养管理

❶ 水质：蓝鲨鱼对温度的要求很宽泛，一般水温控制在15℃~28℃之内都可以存活，水温处于23℃~26℃时最适宜生长；对水的酸碱度要求不高，一般养热带鱼的pH值都能适应。蓝鲨有个特点，比较耐低氧，这是因为蓝鲨的呼吸系统能吸收空气中的氧气，是一种非常好饲养的品种。

❷ 容器：蓝鲨体型不小，应放在长1米以上的大缸中进行养殖。可以在缸底铺细来过滤水质，保持水质的清澈度；适当种一些水草。每周大约换1/4的水，换水的时候用软管通过虹吸来清除缸底的污物。如使用自来水，要先把自来水放置一天以上，去掉其中的氯气方可使用。

❸ 喂食：蓝鲨几乎什么饲料都吃，如活食、人工饲料。它们进食很快而且吃得很多，一般在10分钟之内吃完为宜。蓝鲨的胃口比较大，一天可喂食两次，所以会长得很快。它们一般能挨饿20天左右，但是最好不要长期让鱼饿肚子，否则鱼会生病或者畸形。喂食之后水面会产生油膜，用吸水纸在水面上拖动就可以清除。

繁殖管理

蓝鲨鱼属于卵生，亲鱼的性成熟时间比较长。

因为蓝鲨人工繁殖历史比较短，一般只在专业养殖研究所可以达到批量繁殖，所以不建议鱼友做家庭繁殖。

常见病防治

蓝鲨身体比较强壮，常见病有烂鳍病、白点病、肠炎等等。

烂鳍病可以在每升水中加入10~15毫克高锰酸钾来治疗。

白点病是由“小瓜点”寄生虫引起的，把水温升高到30℃以上加施白点病专杀药物就可痊愈。

如果患有肠炎则将家用抗生素施用一点入缸即可。

清道夫

清道夫是著名的清理鱼缸专家。如果鱼缸垃圾变多而不愿意总是自己清理,就可以养一只清道夫在缸里。只要清道夫爬过的地方,基本上都是干干净净的。

产地

清道夫原产于那南美洲亚马逊河流域。鲇鱼科,又叫琵琶鱼。清道夫性格比较温和,一般都是和其他热带鱼混养。它们身长在10~30厘米左右,最长能到50厘米,属于鱼缸中的底层鱼。因为有吃腐殖质的特点,常常被当做清理鱼缸垃圾的工具鱼来养殖。

饲养管理

❶ 水质:清道夫鱼对温度的要求很宽泛,一般水温控制在15℃~28℃之内都可以存活,水温处于23℃~26℃时最适宜生长;对水的酸碱度要求不高,一般使用弱酸性水质,pH值为6.5~7。清道夫比较耐低氧。

❷ 容器:清道夫体型不小,适合在长1米以上的大缸中来进行养殖。可以在缸底铺细砂来过滤水质,保持水质的清澈度。清道夫会啃食水草,

所以最好不要种植水草。每周大约换1/4的水,换水的时候用软管通过虹吸来清除缸底的污物。如使用自来水,要先把自来水放置一天以上,去掉其中的氯气方可使用。

❸ 喂食:清道夫不仅吃活食和人工饲料,且对于水草、青苔、底层垃圾等等,几乎是碰到什么吃什么。它们进食很快而且饭量很大,能一天到晚不停地吃。因为这个特点,所以不用专门喂食。清道夫一般能挨饿20天左右,但是最好不要长期饿肚子,否则会生病或者畸形。

繁殖管理

清道夫鱼属于卵生,家庭繁殖不太可能成功,一般在专业养殖研究所可以达到批量繁殖,不建议鱼友做家庭繁殖。

常见病防治

清道夫身体比较强壮,常见病有烂鳍病、白点病、肠炎等等。

烂鳍病可以通过在每升水中加入10~15毫克高锰酸钾来治疗。

白点病是由"小瓜点"寄生虫引起的,把水温升高到30℃以上加施白点病专杀药物就可痊愈。

如果患有肠炎则将家用抗生素施用一点入缸即可。

彩虹鲨

鲨鱼总是让人有一种畏惧感，但是这种彩虹鲨完全不会。它不仅颜色漂亮，而且体态娇小，非常可爱。

产地

彩虹鲨原产于亚洲泰国。鲤科，也可以叫作彩虹笙鱼。它们其实并不是鲨鱼的一种，只是体态和鲨鱼有些类似，而被冠以这个名字。彩虹鲨通体浅灰色，鳍是很明亮的橙红色，游动起来就像绚丽的彩虹在水中流动，在光照下更是异常美丽。这种鱼性格比较凶悍，不建议混养。它们身长一般在10~12厘米，属于鱼缸中的底层鱼。因为有啃食青苔的特点，所以也常被当做工具鱼使用。

饲养管理

❶ 水质：彩虹鲨鱼对温度的要求很宽泛，一般水温控制在20℃~28℃之内都可以存活，水温处于23℃~26℃时最适宜生长；对水的酸碱度要求弱碱性，pH值为6.8~7.5；平时要保持水流的循环，定期清除水中的毒素，为彩虹鲨提供良好的生长环境。

❷ 容器：彩虹鲨体型不小，而且领地意识强，所以最好使用长1米以上的大缸来进行养殖。可以在缸底铺珊瑚砂来过滤水质，保持水质的清澈度，也对水质保持微碱性非常有利。它们喜欢水草丰富的环境，因此可以适当种一些水草。挑水草的时候要特别注意，挑选适合微碱性水质的水草来种植。每周大约换1/4的水，换水的时候用软管通过虹吸来清除缸底的污物。如使用自来水，要先把自来水放置一天以上，去掉其中的氯气方可使用。

❸ 喂食：彩虹鲨几乎什么饲料都吃，活食、人工饲料、沉性饲料都可以。彩虹鲨进食很快，一般在10分钟内吃完为宜。它们的胃口比较大，一天可喂食两次。彩虹鲨一般能挨饿20天左右，但是最好不要长期让鱼饿肚子，否则会生病或者畸形。喂食之后水面会产生油膜，用吸水纸在水面上拖动就可以清除。

繁殖管理

彩虹鲨鱼属于卵生。

水质：控制在pH6.8~7，硬度在5左右。水温控制在26℃~29℃。

繁殖周期：大约一周时间，每年可以繁殖 5~6 次。产卵量大，每次可产 300~1000 粒。

繁殖方法：彩虹鲨出现繁殖征兆后，单独养 1~2 周。然后选一对适龄的彩虹鲨放入繁殖缸中。繁殖缸铺鹅卵石，种植一些阔叶水草，侧放一个陶花盆，2~3 周内会完成产卵过程。成对的彩虹鲨比较相亲相爱，如果出现第三条，则会引发鱼之间的斗殴。彩虹鲨不吃卵，会一起守护小鱼孵化。孵化后两天可以游动，这时可投喂开口食物。开口食物可以用蛋黄稀释在水中，等到鱼大一些可以投喂鱼虫等。

因为彩虹鲨人工繁殖历史比较短，一般只有在专业养殖研究所可以达到批量繁殖，所以不建议鱼友做家庭繁殖。

常见病防治

彩虹鲨身体比较强壮，常见病有白点病、肠炎等等。

白点病是由“小瓜点”寄生虫引起的，把水温升高到 30℃以上加施白点病专杀药物就可痊愈。

如果患有肠炎则将家用抗生素施用一点入缸即可。

接吻鱼

接吻鱼的名字给人感觉很旖旎，是很适合送给朋友做新婚礼物的热带鱼。它们常常在水中做接吻状，或者亲吻缸壁，是非常讨喜的小东西。

产地

接吻鱼，原产于亚洲南部印尼一带。吻鲈科，小型鱼种，身长一般在15~25厘米左右。接吻的名字源自于它们喜爱互相碰唇的举动，所以又叫亲嘴鱼、桃花鱼等等。接吻鱼性格比较温和，可以混养。

饲养管理

❶ 水质：接吻鱼对水温的要求一般控制在22℃~38℃之内都可以存活，水温处于24℃~26℃时最适宜生长；对水质要求宽泛，微碱性为佳，pH值为6.8~7.5，最好不要经常变动，否则会影响接吻鱼的健康。属于鱼缸中的中下层饲养鱼，要经常保持水流的循环，定期清除水中的毒素，为接吻鱼提供良好的生长环境。

❷ 容器：接吻鱼体型比较大，最好使用长1米以上的大缸来饲养。鱼缸中可以饲养一些水草，水草的挑选根据水质来选择。也可以在缸底铺小型

鹅卵石来过滤水质，保持水质的清澈度，并放置一些沉木。每周大约换两指宽的水，换水的时候用软管通过虹吸来清除缸底的污物。如使用自来水，要先把自来水放置一天以上，去掉其中的氯气方可使用。

❸ 喂食：接吻鱼不挑食，活食料和营养人工饲料都可以食用，但比较喜欢吃水生的小昆虫，比如孑孓、水蚤等。接吻鱼进食速度比较快，一般在1分钟内吃完为宜。接吻鱼还喜欢吸食缸壁和水草上面的青苔，所以常被当做清理缸壁的工具鱼使用。它们可以一天喂食1~2次，能挨饿一周以上。但是最好不要长期让鱼饿肚子，否则鱼会生病或者畸形。喂食之后水面会产生油膜，用吸水纸在水面上拖动就可以清除。

繁殖管理

接吻鱼属于卵生。

水质：控制在pH7左右，硬度10左右。水温控制在26℃~27℃。

繁殖周期：大约一周时间，一年可以繁殖多次。产卵量大，每次可产1000~3000粒。

繁殖方法：一般选择一年半以上性成熟的健康亲鱼，准备一个繁殖箱，种植一些漂浮水草，把缸放在半明半暗的地方。选一对适龄的亲鱼放入繁殖缸中，可以注入一些蒸馏水刺激发情。过一段适应期后可能会产卵，受精卵会漂浮在水面上，这时漂浮水草就起到防止亲鱼吞噬卵的作用。产后可以把亲鱼捞出，以防治它们吞食卵。可以加入一点青霉素溶液进行杀菌消毒。

鱼卵一般一天孵出小鱼苗。小鱼三天能够活动，活动以后就可以投喂开口食物。开口食物可以用蛋黄稀释在水中。等到鱼大一些可以投喂鱼虫等。投喂蛋黄水要经常换水，否则水质容易变坏。三天后可以喂食红虫，水蚤等，切记要小。随小鱼长大慢慢进入正常管理。

基本上接吻鱼属于非常容易繁殖的鱼种，很适合新手用来练手。

常见病防治

接吻鱼常见有白点病、烂鳍病等等。

白点病是由“小瓜点”寄生虫引起的，把水温升高到30℃以上再加入治疗药剂，很快就可痊愈。

烂鳍病可以在水中加入微量食盐和抗生素防治。

金苔鼠

金苔鼠是最好的清缸鱼,它们漂亮而且有效。

产地

关于原产地有一说是中国南部西双版纳地区,也有说产于亚洲南部国家如泰国、越南等地。属于青苔鼠的白化品种。因为白化的通体金黄,放在鱼缸中非常美观,所以比较受鱼友的欢迎。金苔鼠一般是用来清除缸中的青苔等,多半是和热带鱼混养。金苔鼠适应性比较强,性格温和,容易饲养,而且对清除缸壁上的青苔有显著的效果。成年鱼身长可以达到30~50厘米。

饲养管理

❶ 水质:金苔鼠对温度的要求不高,一般水温控制在10℃~30℃之内都可以存活,水温处于18℃~25℃时最适宜生长;对水质要求宽泛,以弱酸性和中性水好,pH值为6.5~7;属于鱼缸中的下层饲养鱼。要经常保持水流的循环,定期清除水中的毒素,为金苔鼠提供良好的生长环境。

❷ 容器:金苔鼠对于缸的大小没有特殊的要求。但是要根据体型来选择缸,体型大的成鱼最好不要使用小缸。金苔鼠属于鼠类鱼,会拱底沙,所以可以在缸底铺鼠类专用的沙子来过滤水质,保持水质的清澈度。金苔鼠是属于工具鱼,换水可以根据缸内其他热带鱼的习性来换。换水的时候用软管通过虹吸来清除缸底的污物。如使用自来水,要先把自来水放置一天以上,去掉其中的氯气方可使用。

❸ 喂食:不用特别喂食,因为金苔鼠是吃青苔和落下残余的饲料为主,单养的话喂食沉底的人工饲料就可以。值得注意的是,金苔鼠成鱼有时候会贴行动缓慢的热带鱼的身体,所以成鱼最好和活动比较灵敏的热带鱼混养。

繁殖管理

金苔鼠属于卵生。

水质:控制在pH6.5左右,硬度6左右。水温控制在24℃~26℃。水中氧含量要稍高。

繁殖周期:大约一周时间,一年可以繁殖多次。每次可产100~200粒左右。

繁殖方法:一般选择30厘米以上的性成熟健康亲鱼,准备一个中型的

繁殖箱，不要铺底沙，可以种植一些漂浮水草。水质一定要干净，不然卵容易感染水霉病。把缸放在阴暗的地方，选几对适龄的亲鱼放入繁殖缸中。过一段适应期后夜间会产卵，受精卵会贴在玻璃或者水草上，产卵的时候不要有任何惊动，否则母鱼会受到惊吓而停止产卵。产后把亲鱼捞出来，让受精卵单独孵化，可以适量充入一些氧气。

鱼卵 2~3 天就可以孵出小鱼苗。小鱼一般一周能够活动。活动就可以投喂开口食物。开口食物可以用蛋黄稀释在水中，等到鱼大一些可以投喂鱼虫等。投喂蛋黄水要经常换水，否则水质容易变坏。

金苔鼠家庭繁殖比较困难，不适合新手养殖。

常见病防治

金苔鼠常见病有肠炎、白点病。

如果患有肠炎则特征是不吃食物，且排泄物成白色透明状，防治方法是使用家庭用抗生素，倒入一点溶入缸中，剂量不要多。

白点病是由“小瓜点”寄生虫引起的，把水温升高到 30℃以上，再加入治疗药剂，很快就可痊愈。

帝王三间

一般来说，女孩比较偏爱灯科和慈鲷的小型鱼种，男孩往往比较喜欢龙鱼、丽鱼等大型鱼种。纵然小型鱼灵巧飘逸，大型鱼的霸气威武也能使人叹为观止。帝王三间就是此间的翘楚。

产地

帝王三间原产于南美洲亚马逊河流域。丽鱼科，属于大型的观赏鱼种。“帝王”二字彰显了这种鱼的气场非凡。帝王三间性格比较强硬，从幼鱼开始就非常凶猛，地域观念很强，最好不要和其他鱼混养，即使体型差不多也不可以。身长一般在 30~50 厘米，属于中下层鱼。

饲养管理

❶ 水质：帝王三间对温度的要求不算太高，一般水温控制在 20℃~30℃之内都可以存活，水温处于 22℃~26℃时最适宜其生长；对水质要求宽泛，弱酸弱碱都可以，pH 值为 6~8，最好不要经常变动，会影响帝王三间的健康。饲养时候注意要经常保持水流的循环，定期清除水中的毒素，为帝王三间提供良好的生长环境。因为帝王三间喜欢老水，所以换水不用那么频繁，但是要保证水质的清澈。

❷ 容器：帝王三间凶猛而且体型比较大，应该用大缸来饲养。最好不要

混养。可以在缸底铺小型鹅卵石和底沙来过滤水质，保持水质的清澈度。每周大约换一指宽的水，换水的时候用软管通过虹吸来清除缸底的污物。如使用自来水，要先把自来水放置一天以上，去掉其中的氯气方可使用。平时将鱼缸放在有阳光的地方。

❸ 喂食：帝王三间喜欢活食，可以喂食水生昆虫或者小鱼小虾，经调教后也可以食用营养人工饲料，一般在 10 分钟内吃完为宜。帝王三间一天喂食 1 次即可，通常能挨饿 10 天以上，但是最好不要长期让鱼饿肚子，否则鱼会生病或者畸形。喂食之后水面会产生油膜，用吸水纸在水面上拖动就可以清除。

❹ 特点：帝王三间常常会和皇冠三间有混淆，二者最明显的区别在于帝王身上有白色斑点，皇冠的黑色斑比帝王更深。两者的习性比较相近，原产地也很近，但是帝王三间比皇冠贵很多。

繁殖管理

帝王三间属于卵生。

水质：pH 值控制在 7 左右，硬度 10 左右。水温控制在 26℃~27℃。

繁殖周期：大约 1 个月时间，一年可以繁殖多次。产卵量大，每次可产 5000~10000 粒。

繁殖方法：一般选择体长超过一年的性成熟亲鱼。准备一个大繁殖箱，底层铺底沙，种一些水草，把缸放在阳光散射的地方。选几对适龄的亲鱼放入繁殖缸中。雌鱼会找地方挖洞穴，然后会把卵产在自己挖的洞穴中。受精成功后，亲鱼会非常勤勉地看守鱼卵。鱼缸中可以加入一点点青霉素溶液进行杀菌消毒。

帝王三间是雄鱼负责看守的，雄鱼会不离不弃地看守受精卵。在雄鱼的精心看护下，鱼卵三天就可以孵出小鱼苗。小鱼成长三天左右开始活动，活动就可以投喂开口食物。开口食物可以用蛋黄稀释在水中，等到鱼大一些可以投喂鱼虫等。投喂蛋黄水要经常换水，否则水质容易变坏。食物变换要有适应期，以免忽然改变食物小鱼不能适应饿死。帝王三间小鱼长得非常快，一个月左右要把雌鱼捞出，以免被雄鱼攻击。

家庭繁殖帝王三间难度非常高，而且占缸，所以不建议家庭繁殖。

常见病防治

帝王三间常见有白点病、烂鳍病等等。

白点病是由“小瓜点”寄生虫引起的，把水温升高到 30℃以上，再加入治疗药剂，很快就可痊愈。

烂鳍病可以在水中加入微量食盐和抗生素防治。

美国九间

美国九间是一种非常抢眼的鱼，颜色鲜艳，而且饲养相对简单，是很好的入门品种。

产地

美国九间原产于南美洲亚马逊河流域，脂鲤科。其特征比较明显，身长一般在 10~30 厘米，黑黄条纹，约有 10 条。性子烈，容易跳缸。饲养容易，可以混养，但是最好不要和小鱼混养，因为成鱼会捕食小型鱼类。

饲养管理

❶ 水质：美国九间鱼对温度的要求很宽泛，一般水温控制在 20℃~30℃之内都可以存活，水温处于 24℃~27℃时最适宜其生长；对水的酸碱度要求为弱酸性，pH 值为 6.5~7。平时要保持水流的循环，定期清除水中的毒素，为美国九间提供良好的生长环境。

❷ 容器：美国九间体型能长得很大，最好能用长 1 米以上的缸。可以在缸底铺鹅卵石来过滤水质，保持水质的清澈度。美国九间有啃水草的恶习，喜欢水草茂盛的环境。另外可以放沉木、石块来造型，同时为鱼提供休息躲避的地方。每周大约换两指宽的水，换水的时候用软管通过虹吸来清除缸底的污物。如使用自来水，要先把自来水放置一天以上，去掉其中的氯气方可使用。

❸ 喂食：美国九间不挑食，几乎所有饲料都吃，比较喜欢活食、线虫、水蚤类。它们进食很快，一般在 10 分钟内吃完为宜，一天喂食 1 次即可。美国九间一般能挨饿 10 天左右，但是最好不要长期饿肚子，否则鱼会生病或者畸形。喂食之后水面会产生油膜，用吸水纸在水面上拖动就可以清除。

繁殖管理

美国九间鱼属于卵生。

水质：控制在 pH6.5~7，硬度 10 左右。水温控制在 25℃~26℃。

繁殖周期：大约 1 个月时间，每年可以繁殖多次。每次可产卵 100~200 粒。

繁殖方法：选择越一年生的鱼，母鱼怀卵后腹部增大即可繁殖。首先要准备一个大鱼缸，里面种上丰富的细软水草，水位不要太深。选 1 对适龄的

亲鱼放入繁殖缸中，过一段适应期后可能会产卵。亲鱼会吞食自己的卵，所以产后要把亲鱼捞出。小鱼出来后温度调节到25℃左右，一周之后就可以投喂开口食物。开口食物可以用蛋黄稀释在水中。等到鱼大一些可以投喂鱼虫等。

美国九间繁殖比较困难，一般不建议在家里繁殖。

常见病防治

美国九间的常见病有烂鳃病、白点病、肠炎等等。

烂鳃病比较复杂，分寄生虫和病菌两种。寄生虫烂鳃病可以使用专杀药物溶于水中。病菌性的可以用食盐和苏打以 1:1 制成混合剂，每 10 千克水使用 100 克混合剂。

白点病是由“小瓜点”寄生虫引起的，把水温升高到 30℃以上就可痊愈。

如果患有肠炎则将家用抗生素施用一点入缸即可。

蓝六间

三湖鱼品种丰富又多出漂亮鱼，蓝六间就是很其中有代表性的一种。

产地

蓝六间原产于非洲，慈雕科。蓝六间特征比较明显，蓝色，有白黑色斑纹，多为 6 条，身长一般在 5~12 厘米左右，鳍透明飘逸。蓝六间饲养容易，可以混养但是最好不要和小鱼混养，因为成鱼会捕食小型鱼类。

饲养管理

❶ 水质：蓝六间鱼对温度的要求很宽泛，一般水温控制在 20℃~30℃之内都可以存活，水温处于 24℃~27℃时最适宜其生长；对水的酸碱度要求为

弱碱性,pH 值为 7.5~8;平时要保持水流的循环,定期清除水中的毒素,为蓝六间提供良好的生长环境。

❷ 容器:蓝六间体型能长很大,最好能用长 80 厘米以上的缸。可以在缸底铺鹅卵石来过滤水质,保持水质的清澈度。放沉木、石块可以造型,也可以提供蓝六间休息躲避的地方。每周大约换两指宽的水,换水的时候用软管通过虹吸来清除缸底的污物。如使用自来水,要先把自来水放置一天以上去掉其中的氯气方可使用。

❸ 喂食:蓝六间比较喜欢活食,线虫、水蚤类均可,通过驯化也可以进食人工饲料。蓝六间进食很快。一般在 10 分钟内吃完为宜, 一天喂食 1 次。蓝六间能挨饿 10 天左右。但是最好不要长期让鱼饿肚子。否则鱼会生病或者畸形。喂食之后水面会产生油膜,用吸水纸在水面上拖动就可以清除。

繁殖管理

蓝六间鱼属于卵生,口孵式。

水质:控制在 pH7.5~8。硬度 10 左右。水温控制在 25℃~26℃。

繁殖周期:大约 1 个月时间,每年可以繁殖多次。产卵量大,每次可产 100~200 粒。

繁殖方法:一般 8~10 个月大的鱼即可繁殖。选 2~4 对适龄含卵的亲鱼放入繁殖缸中。亲鱼会选择适合产卵的地区,清理后开始产卵。雌鱼产完后雄鱼受精,受精后母鱼会把受精卵含在口中孵化。3~4 天后,幼鱼孵化出来,但母鱼再等 1 个月左右才会把小鱼吐出来。这段时间母鱼不能进食很辛苦,对身体伤害也很大,所以很多鱼友会放产卵板进去,等受完精就把板拿出来单独孵化。等小鱼能游动可以投食开口食物。

蓝六间繁殖比较困难,一般不建议在家里繁殖。

常见病防治

蓝六间的常见病有烂鳃病、白点病、肠炎等等。

烂鳃病比较复杂,分寄生虫和病菌两种。寄生虫烂鳃病可以使用专杀药物溶于水中。病菌性的可以用食盐和苏打以 1:1 混合,10 千克水使用 100 克。

白点病是由“小瓜点”寄生虫引起的,把水温升高到 30℃以上就可痊愈。

如果患有肠炎则将家用抗生素施用一点入缸即可。

雪鲷

慈鲷科是热带鱼中非常重要的一个科目。一般都是原产于非洲的马拉维湖、维多利亚湖、坦干伊克湖，所以也被叫作三湖鱼。雪鲷就是三湖鱼中很有代表性的一种。

产地

雪鲷原产于非洲。顾名思义，雪鲷一定是通体雪白才有这个好听的名字。雪鲷身上唯一颜色不同的部位就是通红的眼睛，像水中的兔子一样。雪鲷属于人工培育的白化品种，非常美丽，活泼好动，比较喜欢打架，可以混养但是最好不要和小鱼混养。身长一般在5~8厘米左右。

饲养管理

❶ 水质：雪鲷鱼对温度的要求很宽泛，一般水温控制在18℃~30℃之内都可以存活，水温处于24℃~28℃时最适宜其生长；对水的酸碱度要求为弱碱性，pH值为7.5~8；平时要保持水流的循环，定期清除水中的毒素，为雪鲷提供良好的生长环境。

❷ 容器：雪鲷最好能养5条以上，所以不要用小缸，最好能用长80厘米以上的缸。可以在缸底铺珊瑚砂来过滤水质，保持水质的清澈度，也能保证水的弱碱性。养雪鲷水的pH值很难养好水草，要种也要挑选能适应微碱水的水草来养。可以里面放些贝壳，每周大约换两指宽的水，换水的时候用软管通过虹吸来清除缸底的污物。如使用自来水，要先把自来水放置一天以上去掉其中的氯气方可使用。

❸ 喂食：雪鲷适宜喂食活食，线虫、水蚤类均可，也适应人工饲料。雪鲷进食很快，一般在1分钟内吃完为宜，一天喂食1~2次。雪鲷能挨饿20天左右，但是最好不要长期让鱼饿肚子，否则鱼会生病或者畸形。喂食之后水面会产生油膜，用吸水纸在水面上拖动就可以清除。

繁殖管理

雪鲷鱼属于卵生，口孵式。

水质：控制在pH7.5~8；硬度10左右。水温控制在25℃~26℃。

繁殖周期：大约1个月时间，每年可以繁殖多次。产卵量大，每次可产100~200粒。

繁殖方法：一般6~8个月大的鱼即可繁殖。选2~4对适龄含卵的亲鱼放入繁殖缸中，亲鱼会选择适合产卵的地区，清理后开始产卵。雌鱼产完后雄鱼受精。受精后母鱼会把受精卵含在口中孵化。3~4天后，幼鱼孵化出来，但母鱼再等1个月左右才会把小鱼吐出来。这段时间母鱼不能进食很辛苦，对身体伤害也很大，所以很多鱼友会放产卵板进去，等受完精就把板拿出来单独孵化。等小鱼能游动可以投食开口食物。

雪鲷繁殖算比较简单，比较适合初养鱼的新手进行繁殖学习。

常见病防治

雪鲷的常见病有烂鳃病、白点病、肠炎等等。

烂鳃病比较复杂，分寄生虫和病菌两种。寄生虫烂鳃病可以使用专杀药物溶于水中。病菌性的可以用食盐和苏打以1:1混合，10千克水使用100克。

白点病是由“小瓜点”寄生虫引起的，把水温升高到30℃以上就可痊愈。

如果患有肠炎则将家用抗生素施用一点入缸即可。

血鹦鹉

说起血鹦鹉，大概没有人不知道吧。这是最近几年超级流行的鱼，几乎在每个水族店都是主打的热门鱼种。长相可爱，不怕生，看人的样子总是在微笑着。

产地

血鹦鹉属于慈雕科。原产地不明。传说是由慈鲷科的红魔鬼和紫红活口杂交出来的。饲养容易，可以混养但是最好不要和小鱼混养，因为成鱼会捕食小型鱼类。血鹦鹉身长一般在 15~20 厘米左右，因为属于人工育成的品种，所以基因不稳定，常常会出现变异。

饲养管理

❶ 水质：血鹦鹉鱼对温度的要求很宽泛，一般水温控制在20℃~30℃之内都可以存活，水温处于24℃~27℃时最适宜其生长，由于基因不稳定的关系，长期低温会导致体色褪色；对水的酸碱度要求为弱酸性，pH值为6.5~7；平时要保持水流的循环，定期清除水中的毒素，为血鹦鹉提供良好的生长环境。血鹦鹉比较不耐低氧，所以要加强水中的充氧量。

❷ 容器：血鹦鹉体型能长很大，最好能用长1米以上的缸。可以在缸底铺鹅卵石来过滤水质，保持水质的清澈度；放沉木、石块可以造型，也可以提供血鹦鹉休息躲避的地方，也可以种植一些水草。血鹦鹉喜欢新水，所以可以每三天换1/4的水，换水的时候用软管通过虹吸来清除缸底的污物。如使用自来水，要先把自来水放置一天以上去掉其中的氯气方可使用。

❸ 喂食：血鹦鹉比较喜欢活食，线虫、水蚤类均可，通过驯化也可以进食人工饲料。血鹦鹉进食很快，一般在10分钟内吃完为宜，一天喂食两次。为了让血鹦鹉颜色保持漂亮，可以选用添加胡萝卜素和虾红素的增色饲料喂食。血鹦鹉能挨饿10天左右，但是最好不要长期让鱼饿肚子。否则鱼会生病或者畸形。喂食之后水面会产生油膜，用吸水纸在水面上拖动就可以清除。

繁殖管理

血鹦鹉鱼属于杂交鱼，卵生，通常是用红魔鬼和紫红活口来杂交繁殖。血鹦鹉虽然本身也有卵，但是孵不出小鱼。繁殖血鹦鹉比较困难，一般不建议自己繁殖。

常见病防治

血鹦鹉的常见病有烂鳃病、白点病、肠炎等等。

烂鳃病比较复杂，分寄生虫和病菌两种。寄生虫烂鳃病可以使用专杀药物溶于水中。病菌性的可以用食盐和苏打以1:1制成混合剂，每10千克水使用100克。

白点病是由“小瓜点”寄生虫引起的，把水温升高到30℃以上就可痊愈。

如果患有肠炎则将家用抗生素施用一点入缸即可。

米奇

米奇是一种很常见的热带鱼，也是比较容易饲养的一种。

产地

米奇原产于墨西哥，属于月光鱼的一种。鳉鱼科胎生。因为靠近尾部的地方有三块黑斑，形状酷似米奇头像，所以就常被人叫作米奇。反而把学名月光鱼丢弃了。米奇性格比较温和，各层都可以活动，虽然可以混养，但是为了保证品种的纯正，最好不要和多品种的月光鱼养在一起。身长一般在5厘米左右。

饲养管理

❶ 水质：米奇鱼对温度的要求不太高，一般水温控制在18℃~30℃之内都可以存活，水温处于25℃~27℃时最适宜其生长，水温太低容易染病；对水要求为弱碱性水，pH值为6.8~7.5；平时要注意保持水流的循环，定期清除水中的毒素，为米奇提供良好的生长环境。

❷ 容器：米奇体型不大，但是也最好不要使用太小的缸饲养。可以在缸底铺小型鹅卵石或者底沙来过滤水质，保持水质的清澈度。米奇会吃藻类，也可以适当种一些水草，但是因为米奇喜欢弱碱性水，所以要选择喜欢弱碱性水的水草。换水不要太勤快，每周大约换一指宽的水，换水的时候用软管通过虹吸来清除缸底的污物。如使用自来水，要先把自来水放置一天以上，去掉其中的氯气方可使用。

❸ 喂食：米奇喜欢活体饲料，也可以喂食人工饲料；喜欢吃一点素，可以喂食消毒过的蔬菜叶，蔬菜叶消毒可以用开水烫过。一般在10分钟内吃完为宜。米奇的胃口比较小，一天喂食1~2次即可。米奇能挨饿20天左右。但是最好不要长期让鱼饿肚子，否则鱼会生病或者畸形。

繁殖管理

米奇鱼属于卵胎生。

水质：控制在pH7~7.5，硬度7左右。水温控制在24℃~26℃。

繁殖周期：大约1个月时间，每年可以繁殖多次。产卵量比较小，每次可产20~40条。

繁殖方法：一般两个月大的鱼即可繁殖，属于体内受精，所以只要注意

雌鱼的腹部，如果腹部膨大、有些发黑，同时产卵管开始下垂，有拖出体外的迹象，要迅速把雌鱼放进繁殖缸，雌鱼会很快产卵。

小鱼苗出生后很快就会游动并开始寻找食物，可以直接喂食小块的人工饲料，或者把活体饲料切碎了喂食。活体饲料会有寄生虫的问题，所以最好是自己饲养。

值得注意的是，雌鱼在繁殖缸生产的时候不要频繁地换水，水质忽然变化会打乱雌鱼的生产程序，导致早产。

常见病防治

米奇的常见病有白点病、肠炎等等。

白点病是由"小瓜点"寄生虫引起的，把水温升高到30℃以上就可痊愈。

如果患有肠炎则将家用抗生素施用一点入缸即可。

孔雀

孔雀可能算是最出名的热带鱼了。它的尾巴大如扇子，颜色丰富，变化无穷，是最讨人喜欢的热带鱼之一。

产地

孔雀鱼原产地比较广泛，南美洲、北美洲等地都有。属于胎生鳉鱼科。孔雀鱼被养殖的历史比较长，是世界著名的热带观赏鱼。它的颜色比较丰富，几乎能想到的颜色都能找到，而且尾巴性状也有很多不同。品种有礼服、剑尾、马赛克、蛇王等等，每个品种里面还有小品种，所以孔雀是个非常庞大的家族。孔雀性格比较温和，是一种十分适合混养的鱼种。它们在各层都可以活动。身长一般在 3~6 厘米左右。

饲养管理

❶ 水质：孔雀鱼对温度的要求不太高，一般水温控制在 15℃~30℃都可以存活，水温处于 21℃~24℃时最适宜其生长；要求弱碱性水，pH 值为 7~7.5；要保持水流的循环，定期清除水中的毒素，为孔雀鱼提供良好的生长环境。

❷ 容器:孔雀鱼对鱼缸大小的要求不高,但是大缸会让孔雀鱼得到比较健康的生活环境。可以在缸底铺小型鹅卵石或者底沙来过滤水质,保持水质的清澈度。缸内可以适当种一些水草,最好选择耐弱碱性水的水草。换水不要太勤快,每周大约换两指宽的水,换水的时候用软管通过虹吸来清除缸底的污物。如使用自来水,要先把自来水放置一天以上,去掉其中的氯气方可使用。

❸ 喂食:孔雀鱼可以喂食活食和人工饲料。喂食的量一般在 2 分钟内吃完为宜,一天喂食 1~2 次。孔雀鱼比较能挨饿,但是最好不要长期让鱼饿肚子,否则鱼会生病或者畸形。喂食之后水面会产生油膜,用吸水纸在水面上拖动就可以清除。

繁殖管理

孔雀鱼属于卵胎生。繁殖周期短,生产力比较强。

水质:控制在 pH7~7.4,硬度 7 左右。水温控制在 25℃~26℃。

繁殖周期:大约 1 个月时间,每年可以繁殖多次,每次可产 10~100 条左右。

繁殖方法:选择一个大一点的鱼缸,一般 4~5 个月大的鱼即可繁殖。雌雄比例为 3:1 或者 4:1,属于体内受精,所以只要注意雌鱼的腹部。如果雌鱼腹部膨大、有些发黑,同时产卵管开始下垂,有拖出体外的迹象,要迅速把雌鱼放进繁殖缸。繁殖缸的温度比原缸调高 2℃,雌鱼会很快产卵。繁殖箱要提早准备,放入底沙和水草。产卵后要尽快捞出雌鱼,否则雌鱼会吞噬鱼苗。

小鱼苗出生很快就会游动并开始寻找食物,可以直接喂食小块的人工饲料。值得注意的是,雌鱼在繁殖缸生产的时候不要频繁换水,水质忽然的变化会打乱雌鱼的生产程序,导致早产或者产下死胎。如果经常繁殖要注意品种的血缘,最好不要频繁近亲繁殖,否则品种会退化。

孔雀家庭繁殖相对比较容易,适合新手的繁殖练习。

常见病防治

孔雀鱼的常见病有小瓜虫病、白点病、肠炎等等。

患有小瓜虫病可以把水温升高到 30℃以上或者 10℃以下,并结合专杀药物来治愈。

白点病是由“小瓜点”寄生虫引起的,把水温升高到 30℃以上就可痊愈。

如果患有肠炎则将家用抗生素施用一点入缸即可。

高帆玛丽

玛丽鱼有很多种类,高帆玛丽是其中有名的一种。这是玛丽中特别的一支,背鳍很大,且有美丽的花纹,在水中游动如张开的帆,所以被叫作高帆玛丽,也做高旗玛丽。

产地

原产于墨西哥。鳉鱼科。高帆玛丽以背鳍高为特征,颜色比较丰富,有黑色、银色、红色等。金色属于白化品种,也很讨人喜欢。它的性格比较温和,各层都可以活动。身长一般在5~10厘米。

饲养管理

❶ 水质:高帆玛丽鱼对温度的要求不太高,一般水温控制在10℃~30℃之内都可以存活,水温处于25℃~28℃时最适宜其生长,能耐一定低温,但是水温太低、时间长的话容易染病;对水要求为弱碱性,pH7~7.5;要保持水流的循环,定期清除水中的毒素,为高帆玛丽提供良好的生长环境。

❷ 容器:高帆玛丽体型不小,所以不要使用小缸饲养。可以在缸底铺小型鹅卵石或者底沙来过滤水质,保持水质的清澈度。高帆玛丽会啃食藻类,也可以适当种一些水草,但是因为高帆玛丽喜欢弱碱性水,所以要选择喜欢弱碱性水的水草。换水不要太勤快,每周大约换一指宽的水,换水的时候用软管通过虹吸来清除缸底的污物。如使用自来水,要先把自来水放置一天以上,去掉其中的氯气方可使用。

❸ 喂食:高帆玛丽喜欢吃一点素,可以喂食消毒过的蔬菜叶和人工饲料,消毒可以用开水烫过。最好不要喂食活食,一般在10分钟内吃完为宜。高帆玛丽的胃口比较小,一天喂食1~2次。高帆玛丽能挨饿20天左右,但是最好不要长期让鱼饿肚子,否则鱼会生病或者畸形。喂食之后水面会产生油膜,用吸水纸在水面上拖动就可以清除。

繁殖管理

高帆玛丽鱼属于胎生。

水质:控制在pH7~7.5,硬度9左右。水温控制在24℃~26℃。

繁殖周期:几乎每隔1个月就能繁殖一次,所以每年可以繁殖10次。产卵量比较小,每次可产40~200条左右。

繁殖方法：一般两个月大的鱼即可繁殖。属于体内受精，所以只要注意雌鱼的腹部，如果雌鱼腹部膨大、有些发黑，同时产卵管开始下垂，有拖出体外的迹象，要迅速把雌鱼放进繁殖缸，雌鱼会很快产卵。

小鱼苗出生后很快就会开始游动并寻找食物，可以直接喂食小块的人工饲料。值得注意的是，雌鱼在繁殖缸生产的时候不要频繁换水，水质忽然的变化会打乱雌鱼的生产程序，导致早产。

常见病防治

高帆玛丽的常见病有水霉病、白点病、肠炎等等。

水霉病可以用1%~1.5%的食盐或者福尔马林液流浴来缓解。

白点病是由“小瓜点”寄生虫引起的，把水温升高到30℃以上就可痊愈。

如果患有肠炎则将家用抗生素施用一点入缸即可。

丽丽鱼

丽丽鱼非常漂亮，头部橘红色，身上有橘色和蓝色的条纹，点缀红蓝斑点。鳍大，前胸飘着两条长长的鳍，很有水中仙子的味道。

产地

丽丽鱼是俗称，它真正的名字应该是拉利毛足鲈。原产于印度。属于毛足鲈科。丽丽鱼性格比较温和，有时候会喷水，身长一般在3~5厘米左右。

饲养管理

❶ 水质：丽丽鱼对温度的要求不算太高，一般水温控制在20℃~30℃之内都可以存活，水温处于22℃~26℃时最适宜其生长。对水质要求宽泛，中性水就可以，pH6~8，最好不要经常变动，否则会影响丽丽鱼的健康。属于鱼缸中的中上层饲养鱼，要经常保持水流的循环，定期清除水中的毒素，为丽丽鱼提供良好的生长环境。因为丽丽鱼喜欢老水，所以换水不用那么频繁，但是要保证水质的清澈。

❷ 容器：丽丽鱼胆小，喜欢躲在水草中间，所以最好能在鱼缸中饲养一些水草，放置沉木石头等。不要使用太小的缸来饲养丽丽鱼，可以在缸底铺小型鹅卵石来过滤水质，保持水质的清澈度。每周大约换一指宽的水，换水

的时候用软管通过虹吸来清除缸底的污物。如使用自来水,要先把自来水放置一天以上去,掉其中的氯气方可使用。平时可以放在有阳光的地方。可以混养,但是混养不能选择活泼和攻击性强的鱼。

❸ 喂食:丽丽鱼不挑食,活食料和营养人工饲料都可以食用。进食速度一般,在 5 分钟内吃完为宜,一天喂食 1 次左右。丽丽鱼能挨饿 10 天以上,但是最好不要长期让鱼饿肚子,否则鱼会生病或者畸形。喂食之后水面会产生油膜,用吸水纸在水面上拖动就可以清除。

❹ 特点:丽丽鱼会经常探头到水面进行呼吸,而且会喷水,在水中和空气中都能进行呼吸,是一种很能耐贫氧的鱼类,是比较容易上手的鱼种,新手不妨试一下。

繁殖管理

丽丽鱼属于卵生。

水质:控制在 pH7 左右,硬度 10 左右。水温控制在 26℃~27℃。

繁殖周期:大约一周时间,一年可以繁殖多次。产卵量大,每次可产 1000~2000 粒。

繁殖方法:一般选择体长超过 5 厘米的性成熟亲鱼,准备一个繁殖箱,底层种植比较密的草。放一些浮萍或者漂浮水草,底层草和漂浮草能有连接最好。把缸放在阳光散射的地方,选几对适龄的亲鱼放入繁殖缸中,雄鱼会开始吐泡泡筑巢。过一段适应期后可能会产卵,产后要把雌鱼捞出,以免被雄鱼攻击。可以加入一点点青霉素溶液进行杀菌消毒。

丽丽鱼是雄鱼负责看守型的,所以雄鱼会不离不弃地看守受精卵。在雄鱼的精心看护下,鱼卵一天就可以孵出小鱼苗。这个时候可以把雄鱼捞出来,否则雄鱼有可能会吞食小鱼苗。

小鱼一般三天能够活动,活动就可以投喂开口食物。开口食物可以用蛋黄稀释在水中,等到鱼大一些可以投喂鱼虫等。投喂蛋黄水要经常换水,否则水质容易变坏。

常见病防治

丽丽鱼常见有白点病、烂鳍病等等。

白点病是由“小瓜点”寄生虫引起的,把水温升高到 30℃以上,再加入治疗药剂,很快就可痊愈。

烂鳍病可以在水中加入微量食盐和抗生素防治。

长尾红剑

热带鱼中有一种长相十分英武的鱼,通体红色。雄鱼会在尾部长出长长的鳍,像一把长剑,在水中穿梭就像准备上战场的剑客。这种鱼就是长尾红剑,是鱼缸中一道靓丽的风景线。

产地

长尾红剑原产于墨西哥、北美洲等地。属于胎生鳉鱼科。因为雄鱼尾部的长鳍,所以被人叫作长尾红剑,也叫作红剑。长尾红剑的颜色比较丰富,有白色、花色等等。雌鱼腹部没有长鳍,但是在红剑有个著名的特点,就是当鱼群中的雌雄比例变化的时候,雌鱼会转化成雄鱼,长出长剑尾。虽然名字很英武,但是它的性格比较温和,是一种适合混养的鱼种。它比较胆小,怕惊吓,受惊吓会跳缸。长尾红剑在各层都可以活动,身长一般在 5~13 厘米左右。

饲养管理

❶ 水质:长尾红剑鱼对温度的要求不太高,一般水温控制在 15℃~30℃之内都可以存活,水温处于 23℃~26℃时最适宜其生长;对水的 pH 值要求比较宽泛,pH 值为 6.5~7.5;要保持水流的循环,定期清除水中的毒素,为长尾红剑提供良好的生长环境。

❷ 容器:长尾红剑体型不小,所以不要使用小缸饲养。可以在缸底铺小型鹅卵石或者底沙来过滤水质,保持水质的清澈度,这对长尾红剑生长非常有利。长尾红剑会吃藻类,也可以适当种一些水草。换水不要太勤快,每周大约换一指宽的水,换水的时候用软管通过虹吸来清除缸底的污物。如使用自来水,要先把自来水放置一天以上,去掉其中的氯气方可使用。

❸ 喂食:长尾红剑可以喂食活食和人工饲料,也会啃食缸壁上藻类。喂食的量一般在 10 分钟内吃完为宜,一天喂食 1~2 次。长尾红剑一般能挨饿 20 天左右,但是最好不要长期让鱼饿肚子,否则鱼会生病或者畸形。喂食之后水面会产生油膜,用吸水纸在水面上拖动就可以清除。

繁殖管理

长尾红剑鱼属于卵胎生。

水质:控制在 pH6.5~7.5,硬度 7 左右。水温控制在 24℃~26℃。

繁殖周期:大约 1 个月时间,每年可以繁殖 10 次。产卵量比较小,每次可产 100~200 条左右。

繁殖方法:一般 8 个月大的鱼即可繁殖。属于体内受精,所以只要注意雌鱼的腹部。如果雌鱼腹部膨大,有些发黑,产卵管开始下垂,有拖出体外的迹象,要迅速把雌鱼放进繁殖缸,雌鱼会很快产卵。繁殖箱要提早准备,放入底沙和水草。产卵后要尽快捞出雌鱼,否则雌鱼会吞噬鱼苗。

小鱼苗出生后很快就会游动,开始寻找食物,可以直接喂食小块的人工饲料。值得注意的是,雌鱼在繁殖缸生产的时候不要频繁换水,水质忽然的变化会打乱雌鱼的生产程序,导致早产。

常见病防治

长尾红剑的常见病有小瓜虫病、白点病、肠炎等等。

如果患有小瓜虫病可以把水温升高到 30℃以上或者 10℃以下,并结合专杀药物来治愈。

白点病是由“小瓜点”寄生虫引起的,把水温升高到 30℃以上就可痊愈。

如果患有肠炎则将家用抗生素施用一点入缸即可。

皮球

皮球的名字很形象，因为它圆圆的肚子像皮球，在鱼缸中那一片流线型的体型中特别显眼。

产地

皮球是俗名，属于玛丽鱼的一种。原产于墨西哥。因为这个品种肚子大而且圆，像球一样可爱，所以被人叫作皮球，反而把学名玛丽鱼丢弃了。皮球的颜色比较丰富，特征还是以肚子为主。它的性格比较温和，各层都可以活动。身长一般在5~10厘米左右。

饲养管理

❶ 水质：皮球鱼对温度的要求不太高，一般水温控制在10℃~30℃之内

都可以存活，水温处于25℃~27℃时最适宜其生长，水温太低容易染病；对水要求为弱碱性水，pH值为7~7.5；要保持水流的循环，定期清除水中的毒素，为皮球提供良好的生长环境。

❷ 容器：皮球体型不小，所以不要使用小缸饲养。可以在缸底铺小型鹅卵石或者底沙来过滤水质，保持水质的清澈度，对皮球生长非常有利。皮球会吃藻类，也可以适当种一些水草，但是因为皮球喜欢弱碱性水，所以要选择喜欢弱碱性水的水草。换水不要太勤快，每周大约换一指宽的水，换水的时候用软管通过虹吸来清除缸底的污物。如使用自来水，要先把自来水放置一天以上，去掉其中的氯气方可使用。

❸ 喂食：皮球喜欢吃一点素，可以喂食消毒过的蔬菜叶和人工饲料，消毒可以用开水烫过。最好不要喂食活食，一般在10分钟内吃完为宜。皮球的胃口比较小，一天可喂食1~2次。皮球能挨饿20天左右，但是最好不要长期让鱼饿肚子，否则鱼会生病或者畸形。喂食之后水面会产生油膜，用吸水纸在水面上拖动就可以清除。

繁殖管理

皮球鱼属于卵胎生。

水质：控制在pH7~7.5，硬度7左右。水温控制在24℃~26℃。

繁殖周期：大约一周时间，每年可以繁殖10次。产卵量比较小，每次可产40~200条左右。

繁殖方法：一般两个月大的鱼即可繁殖。属于体内受精，所以只要注意雌鱼的腹部。如果雌鱼腹部膨大，有些发黑，同时产卵管开始下垂，有拖出体外的迹象，要迅速把雌鱼放进繁殖缸，雌鱼会很快产卵。

小鱼苗出生后很快就会游动并开始寻找食物，可以直接喂食小块的人工饲料。值得注意的是，雌鱼在繁殖缸生产的时候不要频繁换水，水质忽然的变化会打乱雌鱼的生产程序，导致早产。

常见病防治

皮球的常见病有白点病、肠炎等等。

白点病是由“小瓜点”寄生虫引起的，把水温升高到30℃以上就可痊愈。

如果患有肠炎则将家用抗生素施用一点入缸即可。

斗鱼

第一次知道斗鱼还是在初中时期看的漫画里，其中有个少女为了吸收斗气专门随身带了斗鱼，从此斗鱼凶猛的印象就深深刻在我的脑子里。见到真实的斗鱼是一次在鱼市上看到一群斗鱼中孤独的一条红色马尾斗鱼，看到我便奋力地摇尾巴，我觉得很有缘分便把它带回了家。

产地

斗鱼原产于东南亚的印尼、马来西亚等地区。攀鲈科。原产的斗鱼生活环境恶劣，并没有现在我们所见的斗鱼那么绚烂。但是它好勇斗狠，常被人们用来作为赌博的项目。后来斗鱼传到欧洲，在欧洲人们对其进行了驯化和培育，出现了很多不同品种色彩斑斓的观赏性斗鱼，品种大体分为马尾、狮王、半月等。斗鱼生性好斗，不适合混养，最好每条鱼有单独的缸，否则同类之间也会相残。身长一般在5~10厘米左右。

饲养管理

❶ 水质：斗鱼对温度的要求很宽泛，一般水温控制在16℃~30℃之内都可以存活，水温处于22℃~28℃时最适宜其生长；对水的酸碱度要求不高，pH值为6.5~7.3；也比较耐低氧。但也要保持水流的循环，定期清除水中的毒素，为斗鱼提供良好的生长环境。

❷ 容器：斗鱼对环境要求不苛刻。容器的大小一般不会产生很大的影响，小到一个一次性杯子的环境也能够养好斗鱼。可以在缸底铺小型鹅卵石来过滤水质，保持水质的清澈度。也可以什么都不放，这样清除垃圾也比较方便。每三天大约换1/4的水。

❸ 喂食：斗鱼适宜喂食活食，也能适应人工饲料，但是吃活食能保持斗鱼的体态鲜艳。斗鱼进食很快，一般在10秒内吃完为宜。斗鱼可两天喂食1次。斗鱼很耐饿，能耐20天左右，但是最好不要长期让鱼饿肚子，否则鱼会生病或者畸形。

繁殖管理

斗鱼鱼属于卵生。

水质：控制在pH6.5~7.2，硬度7左右。水温控制在25℃~26℃。

繁殖周期：大约1个月时间，每年可以繁殖多次。产卵量大，每次可产

300~500 粒左右。

繁殖方法：先准备一个中等大小的繁殖箱，铺底沙、植入莫丝等比较柔软的水草。一般 7~8 个月大的鱼即可繁殖。选一对适龄的亲鱼放入繁殖缸中，雄鱼会不停吐泡泡，直到水面结成一层泡网，再亲鱼交配。交配成功之后最好能把雌鱼捞出，留下雄鱼照顾受精卵。

这时候水温可以调节到 28℃左右，大约两天小鱼就会孵出来，温度越低小鱼孵出来的时间就越长。三天之后就可以投喂开口食物，开口食物可以用蛋黄稀释在水中。等幼鱼能活动要把雄鱼捞出，避免雄鱼吞食幼鱼。等小鱼大一些可以投喂鱼虫等。

斗鱼繁殖比较简单，比较适合新手进行繁殖学习。

常见病防治

斗鱼的常见病有外伤、烂尾病、白点病、竖鳞病、肠炎等等。

斗鱼爱斗，会产生被啄的外伤。外伤主要注意防止伤口感染，用家用抗生素施用一点入缸即可。

烂鳍病可以使用低浓度的高锰酸钾溶液消毒。

白点病是由“小瓜点”寄生虫引起的，把水温升高到 30℃以上就可痊愈。

竖鳞病一般由真菌引起，家庭可以使用低浓度的盐水和苏打水来洗鱼。

如果患有肠炎则将家用抗生素施用一点入缸即可。

曼龙

曼龙是非常有名的热带鱼在全世界爱好者中都很受欢迎。它体态轻盈优美，花色清雅多彩，很适合家庭养殖。

产地

曼龙属于攀鲈科。原产于亚洲南部泰国、印尼等地。曼龙非常漂亮，有蓝曼龙、金曼龙等品种，每种颜色都很清雅，胸前的丝鳍更是轻盈曼妙。曼龙性格比较温和，可以和同体型的热带鱼混养，有时候会喷水，身长一般在5~8厘米左右。

饲养管理

❶ 水质：曼龙对温度的要求不算太高，水温控制在18℃~30℃之内都可以存活，水温处于22℃~28℃时最适宜其生长。对水质要求宽泛，中性水就可以，pH值为6~8；属于鱼缸中的中上层饲养鱼。要经常保持水流的循环，定期清除水中的毒素，为曼龙提供良好的生长环境。因为曼龙喜欢老水，所以换水不用那么频繁，但是要保证水质的清澈。

❷ 容器：曼龙平时喜欢躲在水草中间，所以最好能在鱼缸中饲养一些水草，放置沉木石头等。不要使用小缸来饲养曼龙。可以在缸底铺小型鹅卵石来过滤水质，保持水质的清澈度。每周大约换一指宽的水，换水的时候用

软管通过虹吸来清除缸底的污物。如使用自来水,要先把自来水放置一天以上,去掉其中的氯气方可使用。可以混养,但是混养的鱼不能选择体型太小的鱼和大型鱼。

❸ 喂食:曼龙经过长时间的混养,一般不挑食,活食料和营养人工饲料都可以食用。进食速度一般,一般在 5 分钟内吃完为宜,一天喂食 1 次左右。曼龙能挨饿 10 天以上。但是最好不要长期让鱼饿肚子,否则鱼会生病或者畸形。喂食之后水面会产生油膜,用吸水纸在水面上拖动就可以清除。

❹ 特点:曼龙幼鱼会经常探头到水面进行呼吸,而且会喷水,是一种很能耐贫氧的鱼类,比较容易上手。

繁殖管理

曼龙属于卵生。

水质:控制在 pH7 左右,硬度 5~20 左右。水温控制在 26℃~27℃。

繁殖周期:大约一周时间,一年可以繁殖多次。产卵量大,每次可产 1000~2000 粒。

繁殖方法:选择体长超过 8 厘米的性成熟亲鱼。准备一个繁殖箱,底层种植比较密的草,放一些浮萍或者漂浮水草,底层草和漂浮草能有连接最好,把缸放在阳光散射的地方。选几对适龄的亲鱼放入繁殖缸中,雄鱼会开始吐泡泡筑巢。过一段适应期后可能会产卵。产后要把雌鱼捞出,以免被雄鱼攻击。可以加入一点点青霉素溶液进行杀菌消毒。值得注意的是,产卵期间要保持安静,惊吓有可能会让亲鱼吞噬鱼卵。

曼龙是雄鱼负责看守型的,所以雄鱼会不离不弃地看守受精卵。在雄鱼的精心看护下,鱼卵一天就可以孵出小鱼苗。这时可以把雄鱼捞出来,否则雄鱼有可能会吞食小鱼苗。

小鱼一般三天能够活动,活动就可以投喂开口食物。开口食物可以用蛋黄稀释在水中,等到鱼大一些可以投喂鱼虫等。投喂蛋黄水要经常换水,否则水质容易变坏。

常见病防治

曼龙常见有白点病、烂鳍病等等。

白点病是由"小瓜点"寄生虫引起的,把水温升高到 30℃以上,再加入治疗药剂,很快就可痊愈。

烂鳍病可以在水中加入微量食盐和抗生素防治。

珍珠马甲

热带鱼中有一种非常美貌的鱼，身体布满珍珠一样的斑点，长鳍飘逸，两侧各有一道黑色的条纹，显得图案生动异常。这种美丽的鱼也有一个很动听的名字，叫作珍珠马甲。

产地

珍珠马甲原产于亚洲。因为鱼身布满白色斑点且有黑色横条纹在我国被誉为珍珠马甲，也叫李氏毛腹鱼。它算是体型比较大的淡水热带鱼，性情比较温和，可以混养，但是不要混养体型比它小很多的鱼，不然也会出现追逐、撕咬等情况。身长一般在6~10厘米左右。

饲养管理

❶ 水质：珍珠马甲鱼对温度的要求很宽泛，一般水温控制在18℃~30℃之内都可以存活，水温处于25℃~28℃时最适宜其生长；对水的酸碱度要求不高，pH6.5~8，也比较耐低氧。要保持水流的循环，定期清除水中的毒素，为珍珠马甲提供良好的生长环境。

❷ 容器：珍珠马甲体型比较大，最好使用大缸来饲养。可以在缸底铺小型鹅卵石来过滤水质，保持水质的清澈度。珍珠马甲原产地水草丰富，所以可以模仿原生地适当种一些水草，也能够丰富鱼缸的视觉效果。每周大约换两指宽的水，换水的时候用软管通过虹吸来清除缸底的污物。如使用自来水，要先把自来水放置一天以上，去掉其中的氯气方可使用。

❸ 喂食：珍珠马甲不挑食，可以喂食活食或者人工饲料，以活食为佳。珍珠马甲进食很快，一般在5分钟内吃完为宜，一天喂食1次。珍珠马甲能挨饿15天左右，但是最好不要长期让鱼饿肚子，否则鱼会生病或者畸形。喂食之后水面会产生油膜，用吸水纸在水面上拖动就可以清除。

繁殖管理

珍珠马甲鱼属于卵生。

水质：控制在pH6.5~7，硬度7左右。水温控制在25℃~26℃。

繁殖周期：大约一周时间，每年可以繁殖5~6次。产卵量大，每次可产300~500粒。

繁殖方法：到了可以交配的时候，雄鱼会吐泡在水面结起一片水泡网，

雌鱼则肚子鼓胀。选适龄的亲鱼放入繁殖缸中,繁殖缸里面放一些漂浮水草,方便雄鱼吐泡结网,受精卵会被放进这些泡网中。到时候可以将雌鱼捞出,雄鱼开始精心守护自己的孩子。

水温可以调节到28℃左右,大约20个小时小鱼就会孵出来。这个时候雄鱼也可以捞走,24个小时之后就可以投喂开口食物。开口食物可以用蛋黄稀释在水中,等到鱼大一些可以投喂鱼虫等。

珍珠马甲繁殖比较简单,比较适合初养鱼的新手进行繁殖学习。

常见病防治

珍珠马甲的常见病有弧菌病、白点病、肠炎等等。

弧菌病可以使用家用抗生素施用一点入缸即可

白点病是由“小瓜点”寄生虫引起的,把水温升高到30℃以上就可痊愈。

如果患有肠炎则将家用抗生素施用一点入缸即可。

电光美人

有一种鱼，平时晶莹剔透，在光线下边缘闪出优美的红色，光彩夺目。这就是电光美人。

产地

电光美人原产于澳大利亚，又叫澳洲小彩虹。虹银汉鱼科。在光线下会出现美丽的红光，所以称之为电光美人。电光美人性格比较活泼，身长一般在5~7厘米左右。

饲养管理

❶ 水质：电光美人对温度的要求一般控制在20℃~27℃之内都可以存活，水温处于23℃~25℃时最适宜其生长；低过20℃鱼会反应变慢，不爱吃食甚至生病。光电美人对于pH值比较敏感，要求水质为弱碱性，pH6.5~7.5，且要经常注意。它属于鱼缸中的中层饲养鱼，要经常保持水流的循环，定期清除水中的毒素，为电光美人提供良好的生长环境。不要经常改变水温，否则会导致鱼体生病甚至死亡。

❷ 容器：电光美人水中穿梭快速，最好使用大缸来饲养，否则游动不开。可以在鱼缸中饲养一些水草。放在通风地方，以免夏天水温过高。可以在缸底铺小型鹅卵石来过滤水质，保持水质的清澈度。每周大约换两指宽的水，换水的时候用软管通过虹吸来清除缸底的污物。如使用自来水，要先把自来水放置一天以上，去掉其中的氯气方可使用。

❸ 喂食：电光美人适合喂食活食饲料，没有条件的话，可以投食营养成分比较全的饲料。电光美人进食速度不快，一般在30分钟内吃完为宜，胃口比较大，一天可喂食1~2次，要定时定量，也不要喂食太多，吃不完容易让水质变坏。但是也不要长期让鱼饿肚子，否则鱼会生病或者畸形。喂食之后水面会产生油膜，用吸水纸在水面上拖动就可以清除。

繁殖管理

电光美人属于卵生。

水质：控制在pH6.5~7.5，硬度7左右。水温控制在27℃。

繁殖周期：大约一周时间，每年可以繁殖5~6次。产卵量大，每次可产200~300粒。

繁殖方法：一般4厘米大的鱼，母鱼怀卵后腹部增大，即可繁殖。首先要准备一个大鱼缸，里面用沉木绑皇冠类水草，底部铺上一层莫丝水草。按照雌雄2:1放入适龄的亲鱼，过一段适应期后可能会产卵，三天后可以查看沉木底部是否有卵。电光美人不会吞食自己的卵，而且会多次产卵，所以不用把亲鱼捞出。受精卵会在三天之后孵出，幼鱼2~3天就能游动。

小鱼出来后温度调节到25℃左右，一周之后就可以投喂开口食物。开口食物可以用蛋黄稀释在水中，等到鱼大一些可以投喂鱼虫等。喂食蛋黄水之后要及时换水，否则水质腐坏。

电光美人的家庭繁殖比较简单，新手可以用来做练习。

常见病防治

电光美人常见有白点病、棉口病、肠炎等等。

白点病是由“小瓜点”寄生虫引起的，把水温升高到30℃以上，再加入治疗药剂，很快就可痊愈。

棉口病可以使用家用抗生素溶于缸中。

如果患有肠炎则将家用抗生素施用一点入缸即可。

射水鱼

顾名思义,我们常常在《动物世界》中见到的喷射岸边小虫的小鱼就是射水鱼了。鱼友也会用“高射炮”来称呼它。

产地

射水鱼原产于印度洋地区一带。射水鱼科(我们这里介绍的是统称),大约5个品种。它的特性是能从口中射出水线,击落岸边植物上的小虫食用。鱼身一般长约5~8厘米,性格温和,但是最好不要和小鱼混养。

饲养管理

❶ 水质:射水鱼对温度的要求很宽泛,一般水温控制在15℃~30℃之内都可以存活,水温处于22℃~26℃时最适宜其生长;因为射水鱼生活在入海口处,所以对海水和淡水都可以适应。对水的酸碱度要求弱碱性,pH值7~8;硬度控制在11左右。要保持水流的循环,定期清除水中的毒素,为射水鱼提供良好的生长环境。

❷ 容器:射水鱼最好使用稍大的容器。在缸底铺小型鹅卵石来过滤水质,保持水质的清澈度,对射水鱼生长非常有利。但是最好不要种植浮生的水草植物。射水鱼会跳缸,要加盖透明盖子。每周大约换两指宽的水,换水的时候用软管通过虹吸来清除缸底的污物。如使用自来水,要先把自来水放置一天以上,去掉其中的氯气方可使用。

❸ 喂食:射水鱼适宜喂食动物性饲料,最好能定时喂食活的小昆虫。为了欣赏射水鱼喷水的精彩一幕,可以在加盖盖子之后放进活的小飞虫。射水鱼一般能挨饿10天左右,但是最好不要长期让鱼饿肚子,否则鱼会生病或者畸形。采用人工饲料和活体交替喂食,对射水鱼比较好。喂食之后水面会产生油膜,用吸水纸在水面上拖动就可以清除。

繁殖管理

射水鱼属于卵生。卵会浮在水中。

水质:控制在pH7~8,硬度10左右。水温控制在25℃~26℃。

繁殖周期:大约一周时间,每年可以繁殖3~5次。产卵量大,每次可产3000粒左右。

繁殖方法:一般8~10个月大的鱼即可繁殖。选几对适龄的亲鱼,放入

繁殖缸中。因为射水鱼会吃掉自己产的卵，所以一产完卵就要把亲鱼捞出，防止吃卵。

产完卵后，水温可以调节到28℃左右，温度越低小鱼孵出来的时间就越长。小鱼出来后温度调节到25℃左右，一周之后就可以投喂开口食物。开口食物可以用蛋黄稀释在水中，等到鱼大一些可以投喂鱼虫等。

射水鱼雄鱼和雌鱼不容易分辨，人工繁殖也不太容易成功，不建议在家中繁殖。

常见病防治

射水鱼的常见病有烂鳍病、烂鳃病、白点病、肠炎等等。

烂鳍病可以使用低浓度的高锰酸钾溶液消毒。

烂鳃病比较复杂，分寄生虫和病菌两种。寄生虫烂鳃病可以使用专杀药物溶于水中。病菌性的可以用食盐和苏打以 1:1 混合，每 10 千克水使用 100 克。

白点病是由“小瓜点”寄生虫引起的，把水温升高到30℃以上就可痊愈。

如果患有肠炎则将家用抗生素施用一点入缸即可。

老鼠鱼

虽然不太好听，但是老鼠鱼这个名字真是非常形象。它长着两根贼溜溜的须子，在缸底迅速地游动，体型娇小，颜色多样，是很好玩的小型观赏鱼。

产地

老鼠鱼原产于亚马逊河流域。鲶科，属于无磷鱼。它是鱼缸中的下层鱼，平时喜欢翻砂，活泼好动，身长一般在 3~5 厘米左右。

饲养管理

❶ 水质：老鼠鱼对温度的要求很宽泛，一般水温控制在 20℃~30℃之内都可以存活，水温处于 22℃~26℃时最适宜其生长；对水的酸碱度要求不高，pH 值 6~7.2；硬度为 3~20 的软水比较好。要保持水流的循环，定期清除水中的毒素，为老鼠鱼提供良好的生长环境。

❷ 容器:老鼠鱼对环境要求不苛刻。容器的大小一般不会产生很大的影响。可以在缸底铺小型鹅卵石来过滤水质,保持水质的清澈度。要注意的是,老鼠鱼喜欢用自己的胡须来翻底沙,所以选择底沙时候最好选择边缘比较圆滑的底沙,不然老鼠鱼的须很容易断掉。老鼠鱼的性格和老鼠也十分相似,比较喜欢阴暗的角落,多种植水草减少空旷的空间会降低老鼠鱼的紧张感。一般水草种植占缸体的30%~40%左右就可以了。不要选择铺底的、容易团住的水草,否则容易把老鼠鱼绊住。每周大约换两指宽的水,换水的时候用软管通过虹吸来清除缸底的污物。如使用自来水,要先把自来水放置一天以上,去掉其中的氯气方可使用。

❸ 喂食:老鼠鱼生活在鱼缸底层,所以适宜喂食沉底饲料,也可以喂食活饵饲料。老鼠鱼进食很快,一般在20秒内吃完为宜;胃口比较小,一天可喂食2~4次。老鼠鱼一般能挨饿20天左右,但是最好不要长期让鱼饿肚子,否则鱼会生病或者畸形。喂食之后水面会产生油膜,用吸水纸在水面上拖动就可以清除。虽然很多人饲养老鼠鱼是为了清除藻类或者其他鱼吃不掉的饲料,但是底层的鱼常会抢不到食物,每次喂食要多注意。

繁殖管理

老鼠鱼属于卵生。

水质:控制在pH6.5~7,硬度7左右。水温控制在25℃~26℃。

繁殖周期:大约两周时间,每年可以繁殖多次。产卵量不大,每次可产30~100粒。

繁殖方法:一般6~8个月大的鱼即可繁殖。换水的时候的温度变化会刺激老鼠鱼的性成熟。选2~4对适龄的亲鱼放入繁殖缸中,一般在第二天中午之前结束产卵,到时候可以将亲鱼捞出,因为老鼠鱼会吃掉自己产的卵,或者可以把鱼卵捞出单独孵化。

如果鱼卵没有受精,卵会变白,要及时吸出。水温可以调节到26℃左右,大约三天小鱼就会孵出来。温度越低小鱼孵出来的时间就越长。小鱼出来后温度调节到25℃左右,一周之后就可以投喂开口食物。开口食物可以用蛋黄稀释在水中,等到鱼大一些可以投喂鱼虫等。

老鼠鱼繁殖比较简单,比较适合初养鱼的新手进行繁殖学习。

常见病防治

老鼠鱼身体抵抗力比较好,常见病有白点病。

白点病是由“小瓜点”寄生虫引起的,把水温升高到30℃以上就可痊愈。

燕鱼

说起热带鱼,我们脑海中第一个想到的就是它吧。它有三角形的扁扁的身体,两根长长的飘带,像一面小旗帜,在水中游动时十分袅娜飘逸。

产地

燕鱼原产于南美洲亚马逊河流域,又叫神仙鱼。慈鲷科。它活泼好动,身长一般在5~8厘米左右,高度可达15厘米以上,三角形体型,身体扁平。种类有玻璃神仙、黑神仙、白神仙等等。性格还算温和,可以混养,注意的是不要同虎皮鱼混养,虎皮鱼会啃食燕鱼的长鳍,破坏燕鱼的观赏性。

饲养管理

❶ 水质:燕鱼对温度的要求很宽泛,一般水温控制在20℃~30℃都可以存活,水温处于24℃~26℃时最适宜其生长;对水的酸碱度要求为弱酸性,pH6.5~7;平日里保持水流的循环,定期清除水中的藻类和垃圾,为燕鱼提供良好的生长环境。

❷ 容器:燕鱼对环境要求不苛刻,容器的大小一般不会产生很大的影响,但是也不要使用非常狭窄的缸,否则燕鱼转不过身。可以在缸底铺小型鹅卵石来过滤水质,保持水质的清澈度。也可以适当种一些水草。每周大约换两指宽的水,换水的时候用软管通过虹吸来清除缸底的污物。如使用自来水,要先把自来水放置一天以上,去掉其中的氯气方可使用。

❸ 喂食:燕鱼喜欢活食饲料,如水蚤、红虫等,也可以使用肉食的人工饲料。燕鱼喜欢在水面取食,进食很快,一般在30秒内吃完为宜。燕鱼的胃口比较小,每次喂食不要太多,一天喂食2~4次即可。燕鱼一般能挨饿20天左右,但是最好不要长期让鱼饿肚子,否则鱼会生病或者畸形。喂食之后水面会产生油膜,用吸水纸在水面上拖动就可以清除。

繁殖管理

燕鱼属于卵生。

水质:控制在pH6.5~7,硬度7左右。水温控制在26℃~28℃。

繁殖周期:大约两周时间,每年可以繁殖多次。产卵量大,每次可产200~500粒。

繁殖方法:一般7~9个月大的鱼即可繁殖。选2~4对适龄的亲鱼放入

繁殖缸中。燕鱼会自己选择对象,选定后就比较专一,不会更换配偶。这个特点在买鱼的时候尤其要注意,尽量购买已经配对好的亲鱼。将产板放进缸中,倾斜10°~20°左右,等待亲鱼产卵。天黑前结束产卵后,可以将产板捞出。自然孵化虽然也可以,但是成活率比较低。可以另外选择繁殖缸,水温水质参照原缸,把有卵的产板放入,角度照旧。期间如果鱼卵没有受精,卵会变白掉落。小鱼4~5天孵化出来,一周之后才会游动。到时候可以喂食丰年虾幼虫,最好不要喂食蛋黄水(燕鱼的幼鱼不太爱吃,而且污染水质)。喂食要循序渐进,由少到多,等两周后小鱼能看到背鳍出现,就可以进入正常管理了。

燕鱼繁殖不算很难,比较适合初养鱼的新手进行繁殖学习。

常见病防治

燕鱼的常见病有黑斑病、白点病、肠炎、水霉病等等。

黑斑病可以使用抗寄生虫药来杀除,此病预防为主,要保证水质的清洁,杜绝传染源的出现。

白点病是由“小瓜点”寄生虫引起的,把水温升高到30℃以上就可痊愈。

如果患有肠炎则将家用抗生素施用一点入缸即可。

水霉病也算是一种真菌性的疾病,可以通过加海盐来缓解。亚甲基蓝可以治疗轻微的感染鱼。

七彩神仙鱼

七彩神仙鱼常被人叫作“热带鱼之王”,可见它在鱼友心中无可替代的地位。这种鱼颜色非常多而且变化丰富,所以才被冠以七彩的名号。

产地

七彩神仙鱼原产于南美洲巴西,又叫铁饼鱼。慈鲷科。种类非常繁多,可以用千变万化来形容。性格比较温和,可以混养,混养品种以原产南美洲的热带鱼为好。身长一般在10~20厘米左右。

饲养管理

❶ 水质:七彩神仙鱼鱼对温度的要求很高,水温处于27℃~28℃时最适宜其生长;长期低温鱼会生病或者出现寄生虫、颜色减退等等,观赏性降低。对水的酸碱度要求为弱酸性,pH6~7,但是长期人工驯化的七彩神仙已经能适应酸碱度更宽泛的水体;属于高氧品种,水中的充氧量要比平常的

热带鱼高。平日里要保持水流的循环,定期清除水中的藻类和垃圾,为七彩神仙鱼提供良好的生长环境。

❷ 容器:七彩神仙鱼体型大而扁平,平时虽然活动比较缓慢,也要使用大缸进行饲养,大缸对于水质的稳定也很有益处。可以在缸底铺小型鹅卵石或者底沙来过滤水质,保持水质的清澈度,也可以适当种一些水草。每周大约换 1/4 或者 1/3 的水,换水的时候用软管通过虹吸来清除缸底的污物。如使用自来水,要先把自来水放置一天以上,去掉其中的氯气方可使用。

❸ 喂食:七彩神仙鱼喜欢活食饲料,如孑孓、水蚤、红虫等,也可以使用肉食的人工饲料。七彩神仙鱼进食一般在 1 分钟内吃完为宜, 一天喂食 1 次。七彩神仙鱼能挨饿 20 天左右,但是最好不要长期让鱼饿肚子,否则鱼会生病或者畸形。喂食之后水面会产生油膜,用吸水纸在水面上拖动就可以清除。

繁殖管理

七彩神仙鱼属于卵生。

水质:控制在 pH6~7,硬度 7 左右。水温控制在 28℃。

繁殖周期:大约两周时间,每年可以繁殖多次。产卵量大,每次可产 500~1000 粒。

繁殖方法:一般 7~9 个月大的鱼即可繁殖。选一对适龄的亲鱼放入繁殖缸中。亲鱼会圈地,所以每个繁殖箱放入一对亲鱼即可。亲鱼确定了繁殖地区之后会进行打扫,然后开始产卵。注意期间千万不要有响声惊动亲鱼,否则亲鱼会吞噬产下的卵。几个小时后就能完成,产完卵后亲鱼会一起守护它们,用鳍扇动水流保持受精卵能受到足够的氧气。小鱼 2~3 天孵化出来,一周之后才会游动。到时候可以喂食丰年虾幼虫,最好不要喂食蛋黄水(七彩神仙鱼的幼鱼不太爱吃,而且污染水质)。喂食要循序渐进,由少到多。

七彩神仙鱼繁殖不算很难,比较适合初养鱼的新手进行繁殖学习。

常见病防治

七彩神仙鱼抵抗力弱,病比较多,常见病有黑斑病、水霉病等等。

黑斑病可以使用抗寄生虫药来杀除,此病预防为主,保证水质的清洁,杜绝传染源的出现。

水霉病也算是一种真菌性的疾病,可以通过加海盐来缓解。通过亚甲基蓝可以治疗轻微的感染鱼。

魔鬼刀

初次见到魔鬼刀的朋友一定没想到还有这种形态的鱼存在，通体漆黑，尾部有一点白色，很诡异。

产地

魔鬼刀，原产于亚马逊河流域，也有叫黑魔鬼、黑羽毛的。魔鬼刀外形比较容易辨认，像一把黑色的刀，没有背鳍，尾巴像一根短棒。魔鬼刀虽然名字很恐怖，但是性格比较温和，可以和其他的热带鱼混养。魔鬼刀喜欢夜间活动，所以白天一般会埋身在水草沉木当中。魔鬼刀的眼睛长期在黑暗中生活，已经明显退化，成年鱼身长 30~40 厘米左右。

饲养管理

❶ 水质：魔鬼刀对温度的要求不算太严格，一般水温控制在 15℃~28℃之内都可以存活，水温处于 18℃~25℃时最适宜其生长；对水质要求宽泛，pH 值为 6.5~7.5，最好不要经常变动，否则会影响魔鬼刀的健康。它属于鱼缸中的下层饲养鱼。要经常保持水流的循环，定期清除水中的毒素，为魔鬼刀提供良好的生长环境。

❷ 容器：魔鬼刀白天喜欢躲起来，所以最好能在鱼缸中饲养一些大型水草，放置沉木或者石块来满足它们的栖息。因为魔鬼刀体长比较大，所以要使用大缸来饲养。可以在缸底铺小型鹅卵石来过滤水质，保持水质的清澈度。魔鬼刀喜欢新水，可以每周大约换 1/4 的水，换水的时候用软管通过虹吸来清除缸底的污物。如使用自来水，要先把自来水放置一天以上，去掉其中的氯气方可使用。平时可以放在比较阴暗的地方。可以混养，但是魔鬼刀体型大了之后也会攻击体比较小的热带鱼，所以魔鬼刀长大之后最好不要和小型鱼混养。

❸ 喂食：魔鬼刀喜欢吃活食，但是经过一段时间适应也能吃人工饲料，人工饲料要选择沉饲料。魔鬼刀进食速度一般，一般在 30 分钟内吃完为宜，一天可以喂食 1 次。魔鬼刀能挨饿 10 天以上，但是最好不要长期让鱼饿肚子，否则鱼会生病或者畸形。喂食之后水面会产生油膜，用吸水纸在水面上拖动就可以清除。

繁殖管理

魔鬼刀属于卵生。雌雄比较难以分辨。

水质：控制在 pH7 左右，硬度 10 左右。水温控制在 26℃~27℃。水中氧含量要高。

繁殖周期：大约一周时间，一年可以繁殖多次。产卵量大，每次可产 300~500 粒。

繁殖方法：一般选择 35 厘米以上的性成熟健康亲鱼。准备一个大繁殖箱，种植一些叶片比较宽大的水草，放置沉木让魔鬼刀躲藏。把缸放在阴暗的地方。选一对适龄的亲鱼放入繁殖缸中，过一段适应期后夜间可能会产卵。产卵时候不要有任何的惊动，否则母鱼受到惊吓会停止产卵。产后可以把受精卵拿出来单独孵化，以防治它们吞食卵。可以加入一点点的青霉素溶液进行杀菌消毒。

鱼卵三天就可以孵出小鱼苗。小鱼一般一周能够活动，活动就可以投喂开口食物。开口食物可以用蛋黄稀释在水中，等到鱼大一些可以投喂鱼虫等。投喂蛋黄水要经常换水，否则水质容易变坏。

魔鬼刀家庭繁殖比较困难，不适合新手养殖。

常见病防治

魔鬼刀身体比较强壮，很少会生病。有时候会生白点病。

白点病是由“小瓜点”寄生虫引起的，把水温升高到 30℃以上，再加入治疗药剂，很快就可痊愈。

地图

地图是非常斑斓的鱼。在原产地还是一种美味的食用鱼，味道鲜美，在国内的价格较高。

产地

地图原产于南美洲亚马逊河流域，又叫星丽鱼。丽鱼科。性格比较凶猛，不能混养，食物不够时连同类也会相残，所以最好能够单独饲养。身长一般在 20~35 厘米左右，色彩艳丽，深棕色底上有红色橙色花斑，非常好看。近年市场上还出现了地图的白化品种，也非常漂亮。

饲养管理

❶ 水质：地图鱼对温度的要求很宽泛，一般水温控制在 16℃~28℃都可以存活，水温处于 22℃~25℃时最适宜其生长；对水的酸碱度要求为弱碱性，pH6.8~7.5；平日里保持水流的循环，定期清除水中的藻类和垃圾，为地图提供良好的生长环境。

❷ 容器：地图对环境要求不苛刻，但是因为地图会产生大量的生活垃圾，比如吃不完的饲料和大量的排泄物等等，所以最好能够在缸底铺比较

厚的底沙来过滤水质，保持水质的清澈度。底沙也是硝化细菌的温床，能帮助分解有机物，有条件的话可以提升一下水质过滤系统。不需要种植水草。每三天换约 1/4 的水，换水的时候用软管通过虹吸来清除缸底的污物。如使用自来水，要先把自来水放置一天以上，去掉其中的氯气方可使用。

❸ 喂食：地图喜欢活食饲料，如小鱼、小虾等，也可以使肉食的人工饲料。基本上对饲料毫无要求，非常贪吃。地图进食很快，一般在 10 分钟内吃完为宜；胃口比较小，每次喂食不要太多，可每天喂食 2~4 次。地图一般能挨饿 10 天左右，但是最好不要长期让鱼饿肚子，否则鱼会生病或者畸形。喂食之后水面会产生油膜，用吸水纸在水面上拖动就可以清除。

繁殖管理

地图鱼属于卵生。

水质：控制在 pH6.8~7.5，硬度 7 左右。水温控制在 23℃~25℃。

繁殖周期：大约两周时间，每年可以繁殖多次。产卵量大，每次可产 500~800 粒。

繁殖方法：一般选择 1 年左右的鱼即可繁殖。地图会自己选择对象，配好对后放入繁殖缸中。把产板放进缸中等待亲鱼产卵。亲鱼会把要产卵的地方啄干净，然后开始产卵。等结束产卵后可以将产板捞出，因为亲鱼会吞噬卵。可以另外选择繁殖缸，水温水质参照原缸，把有卵的产板放入。期间如果鱼卵没有受精，卵会变白掉落。小鱼 2~3 天孵化出来，一周之后才会游动。到时候可以喂食丰年虾幼虫，最好不要喂食蛋黄水（地图的幼鱼不太爱吃，而且污染水质）。喂食要循序渐进，由少到多。两周后就可以进入正常管理了。

地图繁殖不算很难，可以在家中练习。

常见病防治

地图的常见病有黑斑病、白点病、肠炎、水霉病等等。

黑斑病可以使用抗寄生虫药来杀除，此病预防为主，保证水质的清洁，杜绝传染源的出现。

白点病是由“小瓜点”寄生虫引起的，把水温升高到 30℃以上就可痊愈。

如果患有肠炎则将家用抗生素施用一点入缸即可。

水霉病也算是一种真菌性的疾病，可以通过加海盐来缓解。通过亚甲基蓝可以治疗轻微的感染鱼。

泰国虎

水族常常会用动物的名字来命名，泰国虎就是很典型的一种。成年的泰国虎斑纹非常类似老虎的斑纹，有很王道的感觉，所以受到很多男生的喜欢。它养在家里很有阳刚之气，适合装点家居。

产地

泰国虎原产于泰国、柬埔寨一带。松鲷科。因为鱼身有黑色竖条纹，在我国被誉为泰国虎，也叫三间虎。观赏性极佳。和名字不太像的是泰国虎的幼鱼非常胆小，成鱼就比较活泼好动。它属于淡水观赏鱼中体型比较大的一种，身长一般在 10~20 厘米左右。泰国虎最好不要混养，成年的泰国虎会攻击其他的鱼类，如果不准备群养就建议只养一只为好。

饲养管理

❶ 水质：泰国虎鱼对温度的要求很宽泛，一般水温控制在 20℃~30℃之内都可以存活，水温处于 25℃~28℃时最适宜其生长；对水的酸碱度要求为弱酸性，pH 值为 6.5~7；因为原产地是淡水海水混合，所以最好适当加点海盐模拟环境。要保持水流的循环，定期清除水中的毒素，为泰国虎提供良好的生长环境。

❷ 容器：泰国虎体型大，要使用高 50 厘米以上的大缸来饲养。种植水草，放置石块。最好再放个没有孔的陶盆模拟洞穴。因为泰国虎尤其是幼鱼时期喜欢钻进洞穴。每周大约换两指宽的水，换水的时候用软管通过虹吸来清除缸底的污物。如使用自来水，要先把自来水放置一天以上，去掉其中的氯气方可使用。

❸ 喂食：泰国虎适宜喂食活食，比如活的小鱼、小虾等，吃食时候比较凶猛。泰国虎进食很快，一般在 5 分钟内吃完为宜，一天喂食 1~2 次。泰国虎一般能挨饿 10 天左右，但是最好不要长期让鱼饿肚子，否则鱼会生病或者颜色褪色。喂食之后水面会产生油膜，用吸水纸在水面上拖动就可以清除。

繁殖管理

泰国虎家庭繁殖比较困难，所要求的硬件条件非常高，不建议自己繁殖。

常见病防治

泰国虎的常见病有眼疾、红斑病、肠炎等等。

眼疾属于病菌感染，可以使用低浓度的呋喃西林溶液消毒。

红斑病用海盐和苏打以 1:1 混合防治，每 10 千克水使用 100 克。

如果患有肠炎则将家用抗生素施用一点入缸即可。

雀鳝

雀鳝是一种长相很奇异的热带鱼,有很长的历史渊源,被称为“活化石”。

产地

雀鳝原产于北美洲。鳝科,属于大型的观赏鱼种,身体有坚硬外壳,嘴巴长而有力,又叫作“花鳄”。雀鳝性格比较强硬,从幼鱼开始就非常凶猛,地域观念很强,最好不要和其他鱼混养,即使体型差不多也不可以。体长可以达到 50 厘米以上,属于中下层鱼。

饲养管理

❶ 水质:雀鳝对温度的要求不算太高,一般水温控制在 10℃~30℃之内都可以存活,水温处于 22℃~26℃时最适宜其生长;对水质要求宽泛。要求水质弱碱性,pH 值为 7~8;pH 值最好不要经常变动,会影响雀鳝的健康。饲养时候注意要经常保持水流的循环,定期清除水中的毒素,为雀鳝提供良好的生长环境。因为雀鳝喜欢老水,所以换水不用那么频繁,但是要保证水

质的清澈。雀鳝呼吸系统比较特别，能耐低氧环境，甚至有的品种能短时间停留在陆地上。

❷ 容器：雀鳝凶猛而且体型比较大，应该用大缸来饲养。最好不要混养，因为它会攻击其他的鱼类。可以在缸底铺小型鹅卵石和底沙来过滤水质，保持水质的清澈度。最好不要养水草，即使要养，也要挑选和水质相适应的水草。每周大约换一指宽的水，换水的时候用软管通过虹吸来清除缸底的污物。如使用自来水，要先把自来水放置一天以上，去掉其中的氯气方可使用。平时可以放在有阳光的地方。

❸ 喂食：雀鳝喜欢活食，可以喂食水生昆虫或者小鱼、小虾，经调教后也可以食用营养人工饲料。雀鳝很贪吃，而且食量大，一般在 20 分钟内吃完为宜，一天喂食 1 次左右。雀鳝能挨饿 10 天以上，但是最好不要长期让鱼饿肚子，否则鱼会生病或者畸形。喂食之后水面会产生油膜，用吸水纸在水面上拖动就可以清除。

❹ 特点：雀鳝有一定的毒性，尤其是卵有剧毒，在我国水域内几乎没有天敌，所以一旦养殖最好养到它去世为止，不要放生，不要随便送人。

繁殖管理

家庭繁殖雀鳝难度非常高，而且占缸，一般都是研究所进行模拟原生态进行批量繁殖，水族箱里面繁殖几乎都不成功，所以不建议家庭操作。

常见病防治

雀鳝常见鳞立病。

鳞立病以预防为主，平时注意水质和早期病的发现，可以使用呋喃西林溶入水中治疗。

恐龙

听名字就知道,恐龙一定是“活化石”,属于古代鱼。个人觉得恐龙长得很像陆地蜥蜴,看长相就能够看出它的源远流长。

产地

恐龙原产于非洲,属于大型的观赏鱼种。身体有坚硬外壳,体长,品种有青恐龙、金恐龙、恐龙王等。恐龙性格比较温和,但是由时候会攻击其他的鱼类,最好不要和其他鱼混养。体长可以达到50厘米以上,属于中下层鱼。

饲养管理

❶ 水质:恐龙对温度的要求不算太高,一般水温控制在10℃~30℃之内都可以存活,水温处于22℃~26℃时最适宜其生长;对水质要求宽泛。要求水质中性,pH值为6.8~7;pH值最好不要经常变动,会影响恐龙的健康。饲养时候注意要经常保持水流的循环,定期清除水中的毒素,为恐龙提供良好的生长环境。因为恐龙喜欢老水,所以换水不用那么频繁,但是要保证水质的清澈。恐龙呼吸系统经过长时间进化,能耐低氧环境。

❷ 容器:恐龙体型比较大,应该用大缸来饲养。最好不要混养,因为它会攻击其他的鱼类。恐龙喜欢掘沙子,可以在缸底铺底沙,还可以用来滤水质,保持水质的清澈度。可以养水草,放置沉木。每周大约换一指宽的水,换水的时候用软管通过虹吸来清除缸底的污物。如使用自来水,要先把自来水放置一天以上,去掉其中的氯气方可使用。平时可以放在有阳光的地方。

❸ 喂食:恐龙喜欢活食,可以喂食水生昆虫或者小鱼、小虾。恐龙食量大,一般在20分钟内吃完为宜,每天喂食1次左右。恐龙能挨饿10天以上,但是最好不要长期让鱼饿肚子,否则鱼会生病或者畸形。喂食之后水面会产生油膜,用吸水纸在水面上拖动就可以清除。

❹ 特点:恐龙有一个天敌,就是同为“活化石”的肺鱼。切记这两种鱼不要放在一起养。

繁殖管理

家庭繁殖恐龙难度非常高,而且占缸,一般都是研究所进行模拟原生态进行批量繁殖,水族箱里面繁殖几乎都不成功,所以不建议家庭操作。

常见病防治

恐龙常见鳞立病。

鳞立病以预防为主，平时注意水质和早期病的发现，可以使用呋喃西林溶入水中治疗。

龙鱼

对龙鱼大家一定不会陌生。它被视为“招财风水鱼”，尤其在我国南部地区非常受宠，也是历史悠久的活化石鱼。龙鱼庄严且漂亮，放在家里非常美观，具很强的观赏性。

产地

龙鱼的原产地已经很难考据了。骨咽鱼科，属于大型的观赏鱼种。体态优美，颜色高雅，品种有青龙鱼、金龙鱼、龙鱼王等。龙鱼性格比较暴躁，但是由时候会攻击其他的鱼类，最好不要和其他鱼混养。体长可以达到 50 厘米以上，属于上层鱼。

饲养管理

❶ 水质：龙鱼对温度的要求不算太高，一般水温控制在 20℃~30℃之内都可以存活，水温处于 26℃~29℃时最适宜其生长；对水质要求宽泛。要求水质中性，pH 值为 6.8~7.2；pH 值最好不要经常变动，否则会影响龙鱼的健

康。饲养时候注意要经常保持水流的循环，定期清除水中的毒素，为龙鱼提供良好的生长环境。因为龙鱼喜欢软水，所以换水的时候要适时加入蒸馏水来软化水质，但是要保证水质的清澈。

❷ 容器：龙鱼体型比较大，应该用大缸来饲养。最好不要混养，它会攻击其他的鱼类。龙鱼最好使用裸缸饲养可以铺小鹅卵石或者底沙，不要水草也不要沉木。每周大约换 1/4 的水，换水的时候用软管通过虹吸来清除缸底的污物。如使用自来水，要先把自来水放置三天以上，去掉其中的氯气，添加一些纯净水或者蒸馏水方可使用。平时可以放在有阳光的地方。

❸ 喂食：龙鱼喜欢活食，可以喂食水生昆虫或者小鱼、小虾，喂食鱼虾时候注意要把尖壳去掉。龙鱼食量大，一般在 20 分钟内吃完为宜，一天喂食 1 次左右。龙鱼能挨饿 10 天以上，但是最好不要长期让鱼饿肚子，否则鱼会生病或者畸形。喂食之后水面会产生油膜，用吸水纸在水面上拖动就可以清除。

繁殖管理

家庭繁殖龙鱼难度非常高，而且占缸，一般都是研究所进行模拟原生态进行批量繁殖，水族箱里面繁殖几乎都不成功，所以不建议家庭操作。

常见病防治

龙鱼常见有蚀鳞病、白点病、水霉病等等。

蚀鳞病属于细菌感染，以预防为主，平时注意水质和早期病的发现，可以使用家用抗生素溶入水中治疗。

白点病是由“小瓜点”寄生虫引起的，把水温升高到 30℃以上就可痊愈。

水霉病也可以用家用抗生素来治疗。

第五章 水草的种植方法

水草的选用

水草的挑选

养水草一般都是为了让自己的鱼缸更加美观，但是挑选水草也有很多的注意事项。

新手可以挑选那些种植简单、体格强健的品种。要根据自己对于水草缸的布局挑选水草，前景草、中景草、后景草分开挑选。还要注意水草的习性不同，适合的酸碱度也不同。如果要和热带鱼一起养，那还要考虑热带鱼的适合水温和酸碱度，这就要求对鱼和草都有一些了解，所以挑选水草之前要先做好功课才不会发生无从下手的情况。

水草的挑选标准

定好自己需要的水草种类后，要检查叶片是否有残缺，是否营养不良，颜色是否鲜艳等等；茎上是否有脏污或者藻类，有否徒长，有没有新芽，是否有溃烂、容易折断等等。要选择生长期的草，年纪小的草自我修复性比较好，即使受伤也能够很快恢复。再看植物的根须是否强健，颜色是否正常，是否有烂根的迹象。块茎水草类的块茎是否健康，有没有僵掉或者烂掉的伤痕。是否有新芽冒出，没有新芽的块茎有可能内部组织已经开始腐烂死亡。

如果家里没有添置植物灯，就要选择阴性草。如果没有添置二氧化碳设备，就不要挑选喜欢二氧化碳的水草。根据自身的条件来挑选才能种好水草。

水草的消毒

买回家的水草入缸之前要进行消毒，可以使用食盐消毒或者药物消毒。

食盐消毒比较简单，配置 3%~5%的食盐水，把水草放进去浸泡 10 秒左右，拿出来立即用清水冲洗，但时间长了会损害植物细胞。

药物消毒就是杀菌剂消毒。杀菌剂有多种，亚甲基蓝、高锰酸钾、硫酸铜都是比较常见的消毒杀菌剂。按照药物说明配置好溶液，根据说明浸泡。拿出来出后用清水冲洗干净，放入鱼缸中种植。

水草的介质肥料

不同的水草适用不同的生长介质，这一点在单独的水草介绍中会说明。

水草所用的肥料也分为很多种，常见的有底肥、液肥。底肥一般是颗粒状，混合在水草介质中使用。液肥直接溶于水中施用，范围广，所以要稀释得比较淡。

水草疾病的预防和治疗

水草要经常检查，做到防患于未然。

水草常会出现缺铁或者缺乏微量元素的症状，表现为叶片颜色变淡，绿色泛黄，或者出现棕色斑点等等。这个时候要综合考虑光照、二氧化碳、微量元素和水质，看看到底是哪一方出现的问题。蜗牛、螺类和某些热带鱼也会啃食水草，所以要对症下药。

藻类也是植物杀手之一，如果鱼缸中藻类泛滥会覆盖在水草上，影响水草的光合作用，慢慢会导致植物的死亡。所以藻类一旦泛滥，可以使用生物防治，用金苔鼠、清道夫等吃藻的鱼类消除藻类，也可以饲养苹果螺之类的螺类吃藻。但是苹果螺也会吃水草嫩芽，使用起来要特别的注意。也能使用除藻剂等化学防治法防治。

水草的修剪

很多水草会长出水上叶，如果水上叶长长了，为了鱼缸的美观可以进行适度修剪，剪去过长的叶片和不美观杂乱的叶片，剪掉老叶片老枝子，修剪病枝；也可以适度修剪根系，控制植物的生长。

水草的种类

阴性草

矮珍珠

简介

矮珍珠属于玄参科。原分布澳洲一带。矮珍珠比较出名之处在于它虽然生长不快,但是横向生长能长得非常茂密,长成之后像水中草坪一样漂亮。

种植要求

矮珍珠属于阴性草、前景草。

生长环境要求为：

对水的酸碱度要求为弱酸性，但是适应性比较强，适应 pH6~7.3。

水温控制在 20℃~30℃之间都能保持存活，但是以 23℃~28℃之内生长为最佳，温度过高会导致植株枯萎死亡，温度过低植物会冻死。

可以低光照，一般的家庭室内散射太阳光线就足够矮珍珠的生长所需要。

矮珍珠的生长方式属于侧芽平铺群生，生长比较慢。虽然生长的要求不高，但是要想长出美丽繁茂的状态，最好还是加入二氧化碳，增强光照和加入养分，并且让水质稍硬，这对矮珍珠生长极为有利。有了这些条件，矮珍珠才能呈现出比较好的状态，最终达到铺满地面的效果。

矮珍珠能够忍受长时间的低光照，但是也不能完全没有光。如果在室内光线很暗的情况下种植矮珍珠，一般也要买一个 11 瓦以上的植物生长灯，这样比较容易养好矮珍珠。一般只种植矮珍珠的话可以不充二氧化碳，鱼缸中鱼的二氧化碳对矮珍珠来说已经足够了。

矮珍珠属于地被植物，还能吸收鱼排泄物所分解的微量元素为自身所用，所以也可以不加肥料种植。虽然矮珍珠忍耐力很强，但是要种好，二氧化碳、光照和养料还是缺一不可的。这些条件有保证的话，想矮珍珠长得不好都很难。

用途

矮珍珠是鱼缸中很重要的一种造景工具。

种植矮珍珠可以使用粗砂为介质，用镊子轻轻把矮珍珠种于其中即可，植物入水约 2~3 厘米。种植之前记得把烂掉的部分清理掉，否则会影响后期嫩芽的萌出或者腐烂。一旦成活了，会抽出新的枝子。如果没有固定好，矮珍珠就容易枯萎，种植时候的每株最好相隔 3~5 厘米。虽然一开始不好看，但是后期能长得很漂亮。

矮珍珠在某些鱼类的繁殖中也扮演着重要的角色。某些种类鱼所产下的鱼卵必须附着在矮珍珠这样的软性底层水草上，某些时候还能阻挡亲鱼食卵。

矮珍珠还能吸收鱼产生的垃圾废物，为鱼缸提供良好的生态平衡。

矮珍珠基本能适应所有的热带鱼类，是造景的良好材料。

莫丝

简介

莫丝英文名为“MOSS”,属于苔藓植物中的苔纲,分布广泛,世界各地都有种植,并且繁殖迅速,能生长得很高大。莫丝属于苔类,所以会生长出孢子。当很多孢子和叶片一起在水中晃动,中间穿插游动的小鱼,场景是非常壮观的。

种植要求

莫丝属于阴性草、前景草。

生长环境要求为:

对水的酸碱度要求为弱酸性, 但是适应性比较强, 能适应 6~7.5 的 pH 值。

水温控制在 16℃~30℃之间都能够正常生长,但是以 20℃~26℃之内生长为最佳,温度过高会导致植株枯萎死亡。

光照度在低光照就够用了,一般的光线足够莫丝的生长需要。

莫丝的生长方式属于侧芽平铺群生,生长很快。虽然生长的要求不高,但是要想长出美丽繁茂的状态,最好还是加入二氧化碳,增强光照和养分。有了这些条件,莫丝才能呈现出比较好的状态,最终达到铺满的效果。

莫丝能够忍受长时间低光照,但是也不能完全没有光。种植莫丝也要买一个 11 瓦以上的植物生长灯, 这样比较容易养好。莫丝不仅能忍受低光,对二氧化碳也很适应。一般只种植莫丝的话就可以不充二氧化碳,鱼缸中鱼的二氧化碳对莫丝来说已经足够了。

莫丝还能吸收鱼排泄物所分解的微量元素为自身所用,所以也可以不加肥料种植。虽然莫丝忍耐力很强,但是要种好,二氧化碳、光照和养料还是缺一不可的。

要注意:莫丝对换水适应性慢,所以每次换水不要超过原水的 1/4。

用途

一般来说,莫丝是鱼缸中很重要的一种造景工具。

最简单的方法就是把莫丝用丝线绑在沉木、石块或其他需要的地方,然后直接放在缸里。如果没有绑定的话莫丝会随水流四处飘,达不到造景

的效果。

莫丝在某些鱼类的繁殖中也扮演着重要的角色。某些种类鱼所产下的鱼卵必须附着在莫丝或者金丝草这样的软性底层水草上，所以某种程度上说，它们也帮助了鱼类的繁殖。

莫丝还能吸收鱼产生的垃圾废物，为鱼缸提供良好的生态平衡。

莫丝基本能适应所有的热带鱼类，是名副其实的百搭王。

巴榕

简介

巴榕属于大南星科。原分布非洲西部地区。巴榕生长非常缓慢,属于比较大的榕类。叶片卵形,叶片较大。植株强健,栽培容易,适合新手初次栽种。

种植要求

巴榕属于阴性草,植株较大,比较适宜作为后景草来栽种。

生长环境要求为:

对水的酸碱度要求为弱酸性,能适应 6.0~7.5 的 pH 值。

水温控制在 15℃~30℃之间都能保持不死,但是以 22℃~28℃之内生长为最佳,温度太高会导致植株生长缓慢甚至枯萎死亡。巴榕适应性很强,一般室内水温都能存活。

光照度适用低度-中度光线，一般的家庭室内散射太阳光线就足够巴榕的生长所需要。

巴榕喜欢稍微软一些的水，所以可以适当加入蒸馏水来改善水的软硬度。

巴榕的生长方式属于块根生长，生长出的大叶片也可以吸收部分营养,生长比较慢。虽然巴榕对生长的要求不高,但是要想长出美丽繁茂的状态,还是要准备一个大一点的鱼缸,让巴榕的叶片能展开很充分。小鱼缸会限制巴榕的生长。

巴榕能够忍受长时间的低光照,但是也不能完全没有光。在室内光线很暗的情况下种植巴榕最好买一个植物生长灯，这样能保证巴榕的光合作用来进行持续生长。巴榕对二氧化碳也很能适应,只种植巴榕的话可以不充二氧化碳。一般鱼缸中二氧化碳含量和氧气含量对巴榕来说已经足够了。

要注意,虽然巴榕能适应不同的水质,但是太软的水不适合种植巴榕,否则叶子会枯萎,所以选择和巴榕一起养的热带鱼时要特别注意。

巴榕属于块根,种植的时候可以插入底沙或者鹅卵石中。加入适量的底肥。巴榕不像其他的榕类放置灵活,但是营养吸收比较快,所以生长得比其他榕类稍快一些。

巴榕可以种植在鱼缸的背阴部分,能够抑制鱼缸中的藻类生长。而且巴榕叶片比较坚硬,也能够有效防治热带鱼啄食叶片。巴榕也可以种植在乌龟等水陆动物养殖缸里。

巴榕的繁殖非常容易，可以从母株的根茎尖端大约 10 厘米的地方切断,然后单独种植。过一段时间根茎长好,长出新芽,又是新的一株植物。

用途

巴榕能和很多水草组合,都能得到不错的效果。巴榕非常容易种植,虽然长得不快,但是植株健壮不容易死。

巴榕能够提供某些小型鱼的栖息角落，也是鱼类产卵的重要辅助植物,很多鱼类会把卵产在巴榕宽大的叶片上面。

巴榕能吸收鱼产生的排泄物质来帮助自身生长,为鱼缸提供良好的生态平衡。

大水榕

简介

大水榕属于天南星科。原分布非洲西部地区，生长非常缓慢，与其他水榕的区分可以按照植株的大小和叶片的形状来分辨。大水榕叶片能长到成人的巴掌大小。

种植要求

大水榕属于阴性草。因为其属于气生根，可以随意地放置，比较适宜作为后景草来栽种。

生长环境要求为：

对水的酸碱度要求为弱酸性，适应性比较强，能适应6.0~7.3的pH值。

水温控制在10℃~30℃之间都能保持不死，但是以22℃~26℃之内生长为最佳，温度超过32℃会导致植株生长缓慢甚至枯萎死亡。大水榕适应性很强，一般室内水温都能存活。

光照度适用低度–中度光线，一般的家庭室内散射太阳光线就足够大水榕的生长需要。

大水榕喜欢稍微软一些的水，所以可以适当加入蒸馏水来改善水的软硬度。

大水榕属于气生根，靠大叶片来吸收营养，所以生长比较慢。虽然对生长的要求不高，但要让它长出美丽繁茂的状态，最好还是准备一个大一点的鱼缸，让叶片能展开得很充分。小鱼缸会限制大水榕的生长。

大水榕能够忍受长时间低光照，但是也不能完全没有光。如果在室内光线很暗的情况下种植大水榕最好是买一个植物生长灯，这样能保证大水榕的光合作用来进行持续生长。只种植大水榕的话可以不充二氧化碳，一般鱼缸中二氧化碳含量和氧气含量对它来说已经足够了。

大水榕属于气生根，种植的时候可以插到底沙或者鹅卵石中，可以不加入底肥，因为大水榕营养的吸收主要靠宽大的叶片。为了造景需要也可以绑在石块、沉木上面，能营造出很美丽的场景。

大水榕可以种植在鱼缸的背阴部分，还能够抑制鱼缸中的藻类生长。而且大水榕叶片比较坚硬，能够有效防治热带鱼啄食叶片。大水榕也可以种植在乌龟等水陆动物养殖缸里。

用途

大水榕是鱼缸中很重要的一种造景工具，能和很多水草组合。大水榕基本能适应所有的热带鱼类。

大水榕非常容易种植，只要注意生长习性，它就能够自己长得非常好。

大水榕能够提供某些小型鱼的栖息角落，也是鱼类产卵的重要辅助植物，很多鱼类会把卵产在大水榕宽大的叶片上面。

大水榕能吸收鱼产生的排泄物来进行自身生长，为鱼缸提供良好的生态平衡。

钢榕

简介

钢榕属于天南星科。原分布非洲西部地区,也属于榕的一种。钢榕与其他水榕的区别可以通过看叶片形状来分辨。钢榕的叶片是顶端尖的卵形叶片,叶柄坚硬,颜色翠绿。钢榕和其他水榕类植物一样,都属于适应性很强的水生植物。

种植要求

钢榕属于阴性草,因为不适合随意放置,一般用做后景草使用,有时也可以作为中景草。

生长环境要求为:

对水的酸碱度要求为弱酸性,适应性比较强,能适应 6.0~7.5 的 pH 值。钢榕喜欢稍微软一些的水,可以适当加入蒸馏水来改善水的软硬度。

水温控制在 10℃~30℃之间都能保持不死,但是以 22℃~26℃之内生长

为最佳,温度超过35℃会导致植株变黄甚至枯萎死亡。钢榕适应性很强,一般室内水温都能存活。

光照度适用低度-中度光线,一般的家庭室内散射太阳光线就足够钢榕的生长需要。

钢榕对生长的要求不高,但是长得非常缓慢。钢榕能够忍受长时间的低光照,但是也不能完全没有光,如果缺少照射,叶片会向斜上方徒长。如果在室内光线很暗的情况下种植钢榕最好买一个植物生长灯,这样能保证钢榕的光合作用来进行持续生长。钢榕比较喜欢二氧化碳,一般种植钢榕时最好能人工充入一些二氧化碳,这对钢榕的生长很有好处。

钢榕的根系虽然需要一定的空气,但是却不适合绑在沉木石块上。钢榕的根系会在生长介质中长得很长并且向四周延伸,所以种植的时候可以插入底沙或者鹅卵石中,并加入适量的底肥帮助生长。钢榕的根系吸收功能比其他水榕类稍微好一些。

钢榕比较耐阴,可以种植在鱼缸的背阴部分,能够抑制鱼缸中的藻类生长。但是注意,如果藻类覆盖钢榕的叶片,要及时进行清理,否则会妨碍钢榕的新陈代谢继而使它死亡。钢榕叶片比较坚硬,能够有效防止热带鱼啄食叶片。可以种植在水陆动物缸里,比如乌龟缸,因为叶片硬,动物不爱吃。

用途

钢榕是鱼缸中很常见的一种造景工具,能和很多水草组合,基本能适应所有的热带鱼类。钢榕适应性强,非常容易种植,只要注意它的生长习性,虽然长势缓慢,但是能够自己长得非常好。

钢榕能够提供某些小型鱼的栖息角落,也是鱼类产卵的重要辅助植物,很多鱼类会把卵产在钢榕叶片的上面。

尖叶榕

简介

尖叶榕属于天南星科。原分布非洲西部地区,也属于榕的一种。尖叶榕与其他水榕的区分可以通过看叶片形状来分辨。尖叶榕的叶片是顶端尖,叶柄短而坚硬。尖叶榕和其他水榕类植物一样,都属于适应性很强的水生植物。

种植要求

尖叶榕属于阴性草,因为它是匍匐根气生根,所以放置位置很灵活。一般用做后景草使用,有时也可以作为中景草。

生长环境要求为:

对水的酸碱度要求为弱酸性,适应性比较强,能适应 6.0~7.5 的 pH 值。

水温控制在 10℃~30℃之间都能保持不死,但是以 22℃~26℃之内生长为最佳,温度超过 35℃会导致植株变黄甚至枯萎死亡,温度太低植物会停止生长。尖叶榕适应性很强,一般室内水温都能存活。

光照度低度-中度光线,一般的家庭室内散射太阳光线就足够尖叶榕的生长需要。

尖叶榕对生长的要求不高,但是长得非常缓慢。尖叶榕能够忍受长时间低光照,但是也不能完全没有光,如果缺少照射,叶片会向斜上方徒长,叶柄伸长。如果在室内光线很暗的情况下种植尖叶榕最好买一个植物生长灯,这样能保证尖叶榕的光合作用来进行持续生长。尖叶榕比较喜欢二氧化碳,一般种植尖叶榕的最好能人工充入一些二氧化碳,这对促进尖叶榕的光合作用很重要。

尖叶榕的根系属于匍匐气生根,合适绑在沉木石块上,所以种植的时候可以插入底沙或者鹅卵石中,加入适量的底肥,也可以绑在沉木或者石块上面进行造型。

尖叶榕比较耐阴,能够抑制鱼缸中的藻类生长。但要注意,如果藻类覆盖尖叶榕的叶片,要及时进行清理,否则会妨碍尖叶榕的新陈代谢继而引起死亡。尖叶榕叶片比较坚硬,能够有效防止热带鱼啄食叶片。可以种植在水陆动物缸里,比如乌龟缸。

用途

尖叶榕是鱼缸中很常见的一种造景工具，基本能适应所有的热带鱼类，非常容易种植，只要注意它的生长习性，虽然长势缓慢，但是能够自己长得非常好。尖叶榕能够提供某些小型鱼的栖息角落，也是鱼类产卵的重要辅助植物，很多鱼类会把卵产在尖叶榕叶片的上面。

小水榕

简介

小水榕属于天南星科。原广泛分布非洲地区，挺水水草，所以会有水上叶和水中叶。水上叶的叶片形状有点像榕树，小水榕叶片颜色青翠，因为体积在水榕类中属于比较小型的，造型更方便，加上种植比较简单，所以很受鱼友的欢迎。小水榕生长比较缓慢，与其他水榕的区分可以按照植物植株大小和叶片的形状来分辨。小水榕叶片大约能长到3~5厘米。

种植要求

小水榕属于阴性草，和大水榕一样属于气生根，可以随意放置，加之体积小，几乎能适应任何位置。小水榕一般来说都是作为前景或者中景草使用，也可以作为鱼缸中的侧面点缀。

生长环境要求为：

对水的酸碱度要求为弱酸性，适应性比较强，能适应 6.0~7.5 的 pH 值。

水温控制在 10℃~30℃之间都能保持不死，但是以 22℃~28℃之内生长为最佳，高温温度超过 34℃会导致植株生长缓慢，继而发黄导致枯萎死亡。

光照度适用低度-中度光线，一般的家庭室内散射太阳光线就足够小水榕的生长需要。

小水榕喜欢稍微软一些的水，所以可以适当加入蒸馏水来改善水的软硬度，也可以和喜欢软水的热带鱼一起养。

小水榕的生长方式属于匍匐气生根，靠叶片来吸收营养，所以生长比较慢。虽然对生长的适应性比较强，但是要想小水榕长出美丽繁茂的状态，最好要注意水质，水质差会直接导致小水榕生长不良。小水榕体积比较小，所以在高度 35 厘米以上的鱼缸中都可以生长。

小水榕能够忍受长时间低光照，但是也不能完全没有光。如果在室内光线很暗的情况下小水榕的叶片会徒长，破坏美丽的造型，所以种植小水榕最好买一个植物生长灯，这样能保证小水榕的光合作用来进行持续生长。小水榕对二氧化碳也没有什么特别的要求，种植时可以不充二氧化碳，一般鱼缸中二氧化碳含量和氧气含量对小水榕来说已经足够了。

小水榕属于匍匐气生根，所以种植的时候可以插入底沙或者鹅卵石中。小水榕营养的吸收主要靠叶片，可以不加入底肥。小水榕的匍匐茎能够自己分出小株生长，所以繁殖很容易，也可以绑在石块，沉木上面，属于适应性很强的植物。

小水榕可以种植在鱼缸的任何部分，能够抑制鱼缸中的藻类生长。

用途

小水榕是鱼缸中很重要的一种造景工具，能和很多水草组合，而且基本能适应所有的热带鱼类。

非常容易种植，只要注意它的生长习性，能够自己长得非常好而且会自我繁殖，是很适合新手的入门品种。

小水榕能够提供某些小型鱼的栖息角落，也是鱼类产卵的重要辅助植物。

小水榕靠吸收鱼产生的排泄物来进行自身生长，和热带鱼形成互为关系，为鱼缸提供良好的生态平衡。

大椒草

简介

大椒草属于天南星科。原分布东南亚地区水域是比较大型的椒草类。叶柄和叶片长度差不多,表面会有一些暗红色的斑纹。大椒草原是沼泽水草,比较耐旱,转为鱼缸草后生长放慢,但是也能长得比较大,因为易于栽培所以很受欢迎。

种植要求

大椒草属于阴性草,植株能长得比较大,能伸出水面,所以一般当做后景草来使用。

生长环境要求为:

对水的酸碱度要求为弱酸性,但是适应性比较强,能适应 5.5~7 的 pH 值。大椒草不太喜欢软水,这点在养鱼的时候要注意。

水温控制在 18℃~30℃之间都能保持不死。但是以 24℃~28℃之内生长为最佳,温度太高会导致植株生长缓慢甚至枯萎死亡。温度太低植物会停止生长,长期低温容易导致植物死亡。相对其他椒草类来说,大椒草适应性很强,一般室内水温都能存活。

光照度:中度光线,大椒草对光线要求不高,稍暗一些的环境也能生长,但是比较慢。建议种植大椒草时买一个植物生长灯,这样能促进生长。

大椒草很喜欢二氧化碳,要想种好最好人工充入二氧化碳。大椒草属于横向匍匐生长,所以横向直立同步生长能长得很高大。虽然大椒草对生长的要求不高,但是要想长出美丽繁茂的状态,光照、肥料、二氧化碳都要跟上。

大椒草一般是群栽,单独栽种的话,不能突出大椒草的优点和观赏性。大椒草是沉水生长,但它原本属于沼泽水草,所以也会长出水上叶。长出水上叶之后可以进行适度的修剪,保持植株的美观,促进植物的新陈代谢。

大椒草的繁殖方式,可以通过扦插繁殖,也可以通过侧枝繁殖。

种植大椒草可以使用粗砂或者泥为介质,用镊子轻轻把大椒草种于其中,植物入水约 2~3 厘米。种植之前记得把烂掉的部分清理掉,一旦成活了,会抽出新的枝子。如果没有固定好,大椒草就容易枯萎。种植时候每株最好相隔 5~8 厘米。

用途

大椒草是鱼缸中很常用的一种造景工具，能和很多水草组合。大椒草不能使用软水，所以挑选热带鱼的时候要避开喜欢软水的热带鱼和其他类的水草。大椒草非常容易种植，只要注意它的生长习性，基本都能种好，很适合新手。

大椒草能够提供某些小型鱼的栖息角落，也是鱼类产卵的重要辅助植物。

渥克椒草

简介

渥克椒草属于天南星科,原分布亚洲斯里兰卡。渥克椒草栽培比较容易,叶片属于狭长形,叶片的长度可以达到 10 厘米左右,宽度比较窄,大约 2 厘米左右。渥克椒草原属于沼泽植物,能长出水上叶,水上叶叶片有时会有红褐色的斑纹,叶柄有时会发红。渥克椒草叶片颜色多变,富有奇趣性,而且强健。

种植要求

渥克椒草属于阴性草,对光线不是很敏感。但也需要一定程度的光照。因为渥克椒草的叶片比较特别,一般当做前景草使用,方便欣赏。

生长环境要求为:

对水的酸碱度要求为弱酸性,但是适应性比较强,能适应 6~7.5 的 pH 值。

水温控制在 10℃~30℃之间都能保持不死,但是以 21℃~25℃之内生长为最佳,温度太高会导致植株枯萎死亡。长期的低温渥克椒草会停止生长或者腐烂死亡。渥克椒草适应性很好,一般室内水温都能存活。

光照度需要中度光线,一般的家庭室内散射太阳光线就足够渥克椒草的生长所需要。光线的强弱会导致渥克椒草的红褐颜色变化,所以可以根据自己的情况采用合适人工补光照明,添置植物生长灯。

渥克椒草生长比较慢,需要添加很多的营养来补充生长需要的养分。可以在种植前使用颗粒肥,添加到介质中即可。

渥克椒草很喜欢二氧化碳,所以要尽可能地营造二氧化碳充裕的环境,这对养好渥克椒草很重要。渥克椒草对水质的变化比较敏感,水质的好坏也是渥克椒草颜色变化的一个重要影响因素。

渥克椒草繁殖一般是通过侧芽来繁殖,用镊子把侧芽小心插进介质中就可以了。种植渥克椒草所采用的介质一般是细沙或者泥,成活之后会抽出新的叶片。种植每棵的间隔最好能有 5~6 厘米。

渥克椒草要经常剪去老化叶片,防止老化叶片在鱼缸中腐烂,影响植株的美观和整体生长。渥克椒草属于沼泽植物,所以当叶片伸出水面的时候也要进行适度修剪。

用途

渥克椒草能和很多水草组合种植,营造美丽的水景。渥克椒草几乎能适应所有的热带鱼类,而且非常容易种植,只要注意它的生长习性,基本都能种好。

因为渥克椒草的种植简单,而且形态很美,是很常用的造景工具。它常被安排在沉木的前面,长叶片和沉木搭配,有一种和谐的美感。

绿温蒂椒草

简介

绿温蒂椒草属于天南星科。原分布亚洲的印度和斯里兰卡。绿温蒂椒草是一种不太能辨识出的品种，因为接受光照不同颜色变化很大，所以一般是通过叶子的性状来进行分辨的。绿温蒂椒草原属于沼泽植物，能长出水上叶，叶片大约5~8厘米左右。水中叶和水上叶差比不大。绿温蒂椒草叶片颜色多变，富有奇趣性，而且强健，栽培比较简单。

种植要求

绿温蒂椒草属于阴性草，对光线不是很敏感。一般当做前景草使用，方便欣赏它多变的色彩。

生长环境要求为：

对水的酸碱度要求为弱酸性，但是适应性比较强，能适应6~7.5的pH值。

水温控制在10℃~30℃之间都能保持不死。但是以21℃~25℃之内生长为最佳，温度超过34℃会导致植株枯萎死亡。绿温蒂椒草适应性很好，一般室内水温都能存活。

光照度需要低度~中度光线，一般的家庭室内散射太阳光线就足够绿温蒂椒草的生长需要。光线的强弱会导致绿温蒂椒草的颜色变化，所以可以根据自己的情况采用合适人工补光照明，添置植物生长灯。

绿温蒂椒草生长比较慢，需要添加足够的营养来补充生长所需要的养分，可以用颗粒肥，添加到介质中即可。

绿温蒂椒草很喜欢二氧化碳，所以要尽可能地营造养分充裕、二氧化碳不缺的环境，这对养好绿温蒂椒草很重要。绿温蒂椒草对水质的变化比较敏感，水质的好坏也是绿温蒂椒草颜色变化的一个重要影响因素。

绿温蒂椒草一般通过侧芽来繁殖，用镊子把侧芽小心插进介质中就可以了。种植绿温蒂椒草所采用的介质一般是细沙或者泥，成活之后绿温蒂椒草会抽出新的叶片。种植每棵的间隔最好能有5~6厘米。

绿温蒂椒草要经常剪去老化叶片，防止老化叶片在鱼缸中腐烂。

绿温蒂椒草属于沼泽植物，也可以种植在水陆动物比如乌龟的宠物箱中，也能增加很多情趣。

用途

绿温蒂椒草能和很多水草组合种植，营造美丽的水景。绿温蒂椒草基本能适应所有的热带鱼类，而且非常容易种植，只要注意它的生长习性，基本都能种好。

绿温蒂椒草能够提供某些小型鱼的栖息角落，并能吸收鱼产生的物质来进行自身生长，为鱼缸提供良好的生态平衡。

鹅卵椒草

简介

鹅卵椒草属于天南星科，原分布东南亚地区水域。鹅卵椒草的叶片如名字一样呈卵形。

种植要求

鹅卵椒草属于阴性草，可以当做中景草或者后景草。鹅卵椒草体态不大，比较适宜作为中景草来栽种。

生长环境要求为：

对水的酸碱度要求为弱酸性，但是适应性比较强，能适应 6.0~7 的 pH 值。

水温控制在 18℃~30℃之间都能保持不死，但是以 24℃~28℃之内生长为最佳，温度太高会导致植株生长缓慢甚至枯萎死亡。鹅卵椒草适应性很强，一般室内水温都能存活。

光照度：中度光线，鹅卵椒草对光线的要求比较严格，光线不能太暗，否则鹅卵椒草长不大或者长得缓慢。鹅卵椒草对于强光线比较敏感，光线不能太强，在强光线下鹅卵椒草会腐烂。

由于鹅卵椒草对于光照的特殊性，所以种植鹅卵椒草最好买一个植物生长灯，这样能人工调节光照保证鹅卵椒草的光合作用来进行持续生长。

鹅卵椒草很喜欢二氧化碳，要想种好需人工充入二氧化碳。鹅卵椒草是横向生长，有水中叶和水上叶。虽然对生长的要求不高，但是要想长出美丽繁茂的状态，光照、肥料、二氧化碳都不能少。

鹅卵椒草一般是群栽，比较能出效果，单独栽种会显得弱小。鹅卵椒草一般都是沉水生长，但它原本属于沼泽水草，所以也会长出水上叶。

鹅卵椒草可以通过种子繁殖，也可以通过侧枝繁殖。种植鹅卵椒草可以使用粗砂或者泥为介质，用镊子轻轻把鹅卵椒草种于其中即可，植物入水约 2~3 厘米。种植之前记得把烂掉的部分清理掉，一旦成活了，会抽出新的枝子。如果没有固定好，鹅卵椒草就容易枯萎。种植时候每株最好相隔 5~8 厘米。

用途

鹅卵椒草是鱼缸中很重要的一种造景工具，能和很多水草组合。鹅卵椒草基本能适应所有的热带鱼类，非常容易种植，只要注意它的生长习性，基本都能种好，很适合新手。

鹅卵椒草能够提供某些小型鱼的栖息角落，也是鱼类产卵的重要辅助植物，很多鱼类会把卵产在鹅卵椒草叶片上面。鹅卵椒草能吸收鱼产生的物质来进行自身生长，为鱼缸提供良好的生态平衡。

荷根

简介

荷根属于睡莲科，原广泛分布欧亚大陆地区。荷根是一种非常普及的水草。因为叶片造型很像荷叶，所以被当做很重要的一种造景水草使用。

种植要求

荷根属于阴性草，一般都是作为前景草或者作为侧面点缀使用。

生长环境要求为：

对水的酸碱度要求为弱酸性，适应 5.5~7 的 pH 值。

水温控制在 15℃~27℃之间都能保持不死。但是以 20℃~23℃之内生长为最佳，温度过高或过低会导致植株枯萎死亡。

光照度需要低度-中度光线。荷根对于光照要求不高，所以特别适合光线不强的房间。

荷根属于挺水植物，而且生长速度很快。虽然对高光照的要求不高，但是要想长出美丽繁茂的状态，最好还是加入充足的养分。可以使用颗粒肥料放入介质中。

荷根一般都是沉水生长，但是如果光照比较多，叶片会伸出水面，浮在水面上。到时候可以进行适度的修剪来造型。

荷根体型不大，要种植的话使用高 40 厘米以上的缸就可以。

荷根能够忍受长时间低光照，对二氧化碳的适应性也很强。一般只种植荷根的话可以不充二氧化碳，但是如果希望能生长得快速并繁茂，可以适当人工加入二氧化碳。

荷根能够吸收鱼排泄物所分解的微量元素为自身所用，因此保持水质的良好很重要。

用途

荷根叶片漂亮，而且生长很快，是很方便的一种造景工具，所以很受鱼友的欢迎。

荷根可以使用类似根的茎或者侧芽来繁殖，使用粗砂或者小型鹅卵石为介质，用镊子轻轻把荷根根状茎种于其中即可，入介质大约 1 厘米，一旦成活了，会抽出新的枝子。如果光线足够，而且营养充足的话，能长出 6~8

片水中叶，之后会抽出挺水的叶片。

荷根的栽培比较容易，适应性非常强，但是扦插时比较忌讳高温，高温会使植株枯萎腐烂，所以种植季节集中在春秋天。种植时每株最好相隔 5~8 厘米。

荷根在某些鱼类的繁殖中也扮演着重要的角色，某些种类的鱼所产下的鱼卵可以附着在荷根这样的水草上。荷根还能吸收鱼产生的垃圾废物，为鱼缸提供良好的生态平衡。

荷根基本能适应所有的热带鱼类，是造景的良好材料。

红斑皇冠

简介

红斑皇冠属于泽泻科，原分布南美洲地区。红斑皇冠属于皇冠草的一种，特别的是中心生长出的新叶是红色的，慢慢变成绿色，红绿搭配再配上灯光，在水中非常好看。

种植要求

红斑皇冠属于阴性草，一般来说可以作为后景草或者在鱼缸侧面作为点缀。

生长环境要求为：

对水的酸碱度要求为弱酸性，适应6.5~7.3的pH值。

水温控制在20℃~30℃之间都能保持不死。但是以23℃~28℃之内生长为最佳，温度过高、过低会导致植株枯萎死亡。

光照度需要低度–中度光线。红斑皇冠对于光照要求不高，所以特别适合光线不强的房间。

红斑皇冠生长速度一般。虽然对高光照的要求不高，但是要想长出美丽繁茂的状态，最好还是加入充足的养分。宽阔的空间对红斑皇冠生长极为有利。有了这些条件，红斑皇冠才能呈现出比较好的状态。红斑皇冠可以群栽，也可以单独栽种，因为单株的红斑皇冠也非常美丽。

红斑皇冠一般都是沉水生长，但是如果光照比较多，或者空间狭窄不够生长的话，叶片会伸出水面。如果不希望叶片生出缸体，就要保持低光照，加入充足的养分，还要给红斑皇冠充足的空间。

红斑皇冠体型比较大，要种植的话最好使用高50厘米以上的大缸。

红斑皇冠能够忍受长时间低光照，对二氧化碳的适应性也很强。一般只种植红斑皇冠的话可以不充二氧化碳，但是如果希望能生长得快速并繁茂，可以适当人工加入二氧化碳。

红斑皇冠能够吸收鱼排泄物所分解的微量元素为自身所用，因此保持水质的良好很重要。

用途

红斑皇冠是很漂亮的一种造景工具。

种植红斑皇冠可以使用粗砂或者小型鹅卵石为介质，用镊子轻轻把红斑皇冠种于其中即可，植物入水约2~3厘米。种植之前记得把烂掉的部分清理掉，否则会影响后期嫩芽的萌出。一旦成活会抽出新的枝子，如果没有固定好，红斑皇冠就容易枯萎。种植时候每株最好相隔8~10厘米。

红斑皇冠在某些鱼类的繁殖中也扮演着重要的角色，某些种类的鱼所产下的鱼卵可以附着在红斑皇冠这样的水草上。红斑皇冠还能吸收鱼产生的垃圾废物，为鱼缸提供良好的生态平衡。

红斑皇冠基本能适应所有的热带鱼类，是造景的良好材料。

长叶九冠草

简介

长叶九冠草原分布于南美洲地区巴西、智利等水域，属于泽泻科。长叶九冠草属于皇冠草的一种，叶片比较长，叶柄比较短，原来是一种沼泽植物。所以会长出水上叶。水上叶是椭圆形的叶片，大约 15 厘米长，水中叶就比较长，可以达到 30 厘米。长长的水中叶漂浮的时候非常美丽。

种植要求

长叶九冠草属于阴性草，但还是需要一定程度的光照。因为叶片长，一般可以作为后景草或者在鱼缸侧面作为点缀用。

生长环境要求为：

对水的酸碱度要求为弱酸性，适应 6~7.3 的 pH 值。

水温控制在 10℃~30℃都能保持不死，但是以 18℃~28℃生长为最佳，温度过高会导致植株枯黄，过低植物会停止生长。

光照度适用中度光线。虽然长叶九冠草对于光照要求不高，但是最好准备一个照明生长灯。

长叶九冠草生长速度一般，对光照的要求不高，要想长出美丽繁茂的状态，最好还是加入充足的养分，宽阔的空间对长叶九冠草生长极为有利。有了这些条件，长叶九冠草才能呈现出比较好的状态。单独栽种的长叶九冠会比较单薄，群栽比较能体现长叶九冠草的特点。

长叶九冠草一般都是沉水生长，但是如果光照比较多，或者空间狭窄不够生长的话，叶片会伸出水面。如果不希望叶片生出缸体，就要保持低光照，加入充足的养分，还有给长叶九冠草充足的空间。万一伸出水面可以对长叶九冠草进行适度的修剪。

长叶九冠草体型比较大，最好使用高 50 厘米以上的大缸种植。

长叶九冠草对二氧化碳的适应性也很强，一般只种植长叶九冠草的话就可以不充二氧化碳。但是如果希望能生长得快速并繁茂，可以适当人工加入二氧化碳。

长叶九冠草能够吸收鱼排泄物所分解的微量元素为自身所用，保持水质的良好很重要。

用途

长叶九冠草是很漂亮的一种造景工具。

种植长叶九冠草可以使用粗砂或者小型鹅卵石为介质，用镊子轻轻把长叶九冠草种于其中即可，植物入水约 2~3 厘米。种植之前记得把烂掉的部分清理掉，否则会影响后期嫩芽的萌出或使植株腐烂。一旦成活了，会抽出新的枝子。如果没有固定好，长叶九冠草就容易枯萎。种植的时候每株最好相隔 5~10 厘米。

长叶九冠草在某些鱼类的繁殖中也扮演着重要的角色，某些种类鱼所产下的鱼卵可以附着在长叶九冠草这样的水草上。长叶九冠草基本能适应所有的热带鱼类，是造景的良好材料。

大青叶

简介

大青叶属于爵床科，原分布在亚洲东南部地区。大青叶是一种非常普及的水草，常常作为造景的主体部分使用，生长很快而且茂密，很受欢迎。

种植要求

大青叶属于阴性草，一般作为中后景草使用。

生长环境要求为：

对水的酸碱度要求为弱酸性，适应6.5~7.3的pH值。

水温控制在20℃~30℃之间都能保持不死，但是以23℃~28℃生长为最佳，温度过高或过低都会导致植株枯萎死亡。

光照度适用中度光线。大青叶对于光照要求不高，所以特别适合光线不强的房间。

大青叶生长速度很快，虽然对高光照的要求不高，但是要想长出美丽繁茂的状态，最好还是加入充足的养分。大青叶属于小型种，但是因为生长迅速，所以最好使用宽阔的空间来栽种。有了这些条件，大青叶才能呈现出比较好的状态。

大青叶群栽比较能出效果，一般都是沉水生长，但是如果光照比较多，或者空间狭窄不够生长的话，叶片会伸出水面。到时候可以进行适度的修剪。

大青叶体型比较大，最好使用高50厘米以上的大缸种植。

大青叶能够忍受长时间低光照，对二氧化碳的适应性很强。一般只种植大青叶的话就可以不充二氧化碳，但是如果希望能生长得快速并繁茂，可以适当人工加入二氧化碳。

大青叶能够吸收鱼排泄物所分解的微量元素，为自身所用，因此保持水质的良好很重要。

用途

大青叶是很方便的一种造景工具，能很快塑造出水中小森林的感觉。

种植大青叶的方式可以使用侧芽或者截枝扦插。用粗砂或者小型鹅卵石为介质，用镊子轻轻把大青叶截枝种于其中即可，植物入水约2~3厘米。种植之前记得把烂掉的部分清理掉，否则会影响后期嫩芽的萌出或者导致植株腐烂。一旦成活了，会抽出新的枝子。如果没有固定好，大青叶就容易枯萎。种植的时候每株最好相隔5~8厘米。

大青叶在某些鱼类的繁殖中也扮演着重要的角色，某些种类鱼所产下的鱼卵可以附着在大青叶这样的水草上。大青叶还能吸收鱼产生的垃圾废物，为鱼缸提供良好的生态平衡。

大青叶基本能适应所有的热带鱼类，是造景的良好材料。

南美叉柱花

简介

南美叉柱花属于爵床科，原分布南美洲巴西地区，在国内又被叫作迷你矮柳、袖珍青叶草等等，最长的名字叫作瑞奥克里斯塔里奥矮柳，是以原产地的河流“River Rio Cristalino”为名的。南美叉柱花在国内市场出现没有多少年，但因为颜色碧绿、造型优美而广受好评，常常作为造景的主体部分使用。生长不快，适应性强。

种植要求

南美叉柱花属于阴性草，一般作为中后景草使用。

生长环境要求为：

对水的酸碱度要求为弱酸性，适应 6.5~7.3 的 pH 值。

水温控制在 15℃~30℃之间都能保持不死，但是以 20℃~28℃生长为最佳，温度过高会导致植株枯萎死亡，温度过低植物会僵苗不长，持续低温会死亡。

光照度适用中度光线。南美叉柱花对于光照要求不高，虽然这里把它分为阴性草，但是南美叉柱花应该属于亦阴亦阳的水草。当光线强烈的时候，南美叉柱花会长得矮小，贴地生长，节距变短而且叶片变宽。光线不足的时候节距变长，整棵植物变长，叶片变小变窄。也可以说只要不是非常阴暗的光线，都可以种植南美叉柱花。

南美叉柱花生长速度不能算快。虽然对高光照的要求不高，但是要想长出美丽繁茂的状态，最好还是加入充足的养分，比如适量的液肥或者颗粒肥。南美叉柱花属于小型种，但是也能长到爆盆，最好使用高 50 厘米以上的大缸种植。

南美叉柱花不仅能够忍受长时间低光照，对二氧化碳适应性也很强。一般只种植南美叉柱花的话就可以不充二氧化碳，但是如果希望生长加快并繁茂，可以适当人工加入二氧化碳，有了这些条件才能呈现出比较好的状态。南美叉柱花群栽比较能出效果。

南美叉柱花一般都是沉水生长，但是如果光照比较多，或者二氧化碳充裕的话，能加快生长，到时候可以进行适度的修剪。修剪也能够加快生长，促进分枝，要注意的是会出现底部老化、叶片脱落的情况，那时要加强光照和二氧化碳的含量促进分枝和生长。

南美叉柱花能够吸收鱼排泄物所分解的微量元素为自身所用，因此保持水质的良好很重要。

用途

南美叉柱花是很方便的一种造景工具。能很快塑造出水中小森林的感觉。

种植南美叉柱花的方式可以使用侧芽或者截枝扦插。使用底沙或者泥为介质，新手最好使用泥。用镊子轻轻把南美叉柱花截枝种于其中即可，植物入水约 2~3 厘米，一旦成活会抽出新的枝子。种植的时候每株最好相隔 5~8 厘米。

苹果草

简介

苹果草原产于亚洲东部地区，如中国东北及附近的朝鲜、韩国、日本等。苹果草属于十字花科，挺水水草，它姿态优雅，像生长水中的小荷叶，生长很快，造景效果出众，是非常普及的水草。

种植要求

苹果草属于阴性草，作为前景草或者后景草均可，更适合作为前景草来使用。因为叶片造型比较美观，放在前景更能突显苹果草的风韵。

生长环境要求为：

对水的酸碱度要求为弱酸性，一般能适应水的 pH 值为 6.2~7。但是苹果草比较健壮，可以忍受的 pH 值为 6~7.3。

水温控制在 13℃~28℃之间都能保持不死，但是以 16℃~24℃生长为最佳，温度过高会导致植株枯萎死亡。苹果草虽然号称能耐 13℃的低温，但是长期的温度过低植物会冻死。

光照度适用中度光线。虽然划分为阴性草，但是苹果草对于阳光的需求比一般的阴性草要稍微高一点。一般的家庭室内散射太阳光线之外必须要加植物生长灯补光，才够满足苹果草的生长需要。

苹果草属于匍匐生长，生长速度比较快，对生长环境几乎都不挑剔，所以二氧化碳、增强光照和养分一定要跟上，有了这些条件，苹果草才能呈现出比较好的状态。值得注意的是苹果草对高温比较敏感，一旦遇到超过30℃的高温比较容易死亡。

苹果草体型中等，最好使用高30厘米以上的大缸种植。如果出缸会出现水上叶。苹果草对二氧化碳的适应性也比较强，一般只种植苹果草的话就可以不充二氧化碳，但是如果希望能生长得快速并繁茂，可以适当人工加入二氧化碳。

苹果草能够吸收鱼排泄物所分解的微量元素，为自身所用。要想种好苹果草，二氧化碳、光照和养料还是缺一不可的。这些条件有保证的话，苹果草是非常容易种植的。

种植苹果草可以使用粗砂或者小型鹅卵石为介质，用镊子轻轻把苹果草种于其中即可，植物入水约2~3厘米。种植之前记得把烂掉的部分清理掉，否则会影响后期嫩芽的萌出或者导致植株腐烂。一旦成活了，会抽出新的枝子。如果没有固定好，苹果草就容易死亡。定植时候的温度不要超过25℃，温度高就不太容易成活。因为苹果草是横向匍匐生长的，所以种植的时候每株最好相隔5~10厘米左右，这样叶片不会打架。

苹果草繁殖也很方便，只要截取一段侧枝或者根插入底沙或者鹅卵石，条件合适的话很快就能够长出新的植株。

用途

苹果草是很漂亮的一种造景植物，在某些鱼类的繁殖中也扮演着重要的角色。某些种类鱼所产下的鱼卵可以附着在苹果草上。苹果草还能吸收鱼产生的垃圾废物，为鱼缸提供良好的生态平衡。

苹果草基本能适应所有的热带鱼类，是造景的良好材料。

球藻

简介

球藻原分布北半球的高纬度地区，比如日本、冰岛等地，属于刚毛藻属。球藻是一种很有趣的植物，一般的藻类都是横向生长，但球藻是由于水中的丝絮状水草团在一起，在长期低温和阴暗的条件下形成的。球藻的大小各有不同，日本阿寒湖发现过直径50厘米的球藻，一般的球藻直径大约3~15厘米。

种植要求

球藻属于阴性草，由于可以随意放置，做前景草、后景草都适宜。

生长环境要求为：

对水的酸碱度要求为弱碱性，但是适应性比较强，能适应6.8~7.8的pH值。

水温控制在10℃~30℃都能保持不死，但是以16℃~23℃生长为最佳，温度超过34℃会导致植株枯萎死亡。球藻非常耐寒，一般室内水温都能存活。

光照要求低，一般的家庭室内散射太阳光线就足够球藻的生长需要。球藻长期生活在水底，养成了耐阴暗的习性，所以家中光照不好或者没有植物灯的话可以考虑养球藻。

球藻的生长方式属于中央朝外辐射生长。生长非常慢，一般一年只能长几毫米。虽然对生长条件的要求不高，但是要想球藻长出美丽繁茂的状态，最好还是加入二氧化碳、增强光照和加入养分，并且有足够的耐心。

球藻能够忍受长时间低光照，但是也不能完全没有光。如果在室内光线很暗的情况下种植球藻，最好是买一个植物生长灯，这样能保证球藻虽然缓慢但是持续生长。球藻不仅能忍受低光，对二氧化碳适应性也很强。一般只种植球藻的话就可以不充二氧化碳，鱼缸中的二氧化碳含量和氧气含量对球藻来说已经足够了。

球藻本身需要的养分比较少，所以也可以不加肥料种植。虽然球藻忍耐力很强，但是有几点需要注意。

球藻是团成一团的藻类的集合，所以中心的水相对比较难流通，鱼缸的水流可能达不到水流交换的作用，所以要经常人工把球藻中心的水分挤掉一些，再放回鱼缸，促使它吸收新鲜的水。最好放在循环器水流比较大的

地方，增加球藻附近的水流量。

在鱼缸中不会存在能促使球藻滚动的力量，为了防治球藻生长偏向，每隔一段时间就要帮球藻翻面，保证每一面都能见光生长。

用途

球藻是鱼缸中很灵巧的一种造景工具，能和很多水生植物互相搭配产生奇妙的效果。基本上不存在种植的问题，只要注意它的生长习性，放置在什么地方都可以。

球藻能够提供某些小型鱼的栖息角落，基本能适应所有的热带鱼类，是造景的良好材料。

阳性草

矮柳

简介

矮柳属于爵床科，原分布东南亚地区，如印度、印尼等水域。矮柳是一种很常见的水草，皮实健壮，相对于爵床科的其他植物显得体型不够壮硕。叶片细长，叶片之间比较密实。因为管理方便简单，所以才被新手当做试手草来使用。

种植要求

矮柳属于阳性草，一般可以作为中景草。矮柳无论做后景还是前景都不是太合适,一般都是用于中景的补充水草。

生长环境要求为:

对水的酸碱度要求为弱碱性,适应6.5~8.3的pH值。

水温控制在20℃~30℃都能保持不死,但是以23℃~28℃生长为最佳,只要是生长适温时间的水温变化,矮柳一般都能适应,但是不能长时间处于低温状态,否则水草会生病甚至死亡。

光照度适用中度-强度光线。矮柳虽然能适应水温,但是对光照要求比较高,所以家庭种植要补充光照,可以添置一个植物生长灯。

矮柳生长速度一般。虽然生长的要求不高,但是要想长出美丽繁茂的状态,最好还是加入二氧化碳、增强光照和加入养分,并且让水质稍软偏碱性一些。有了这些条件,矮柳才能呈现出比较好的状态。

矮柳一般是群栽,沉水生长,但是叶片长长了也会浮到水面,可以进行适度的修剪,保持植物的美观。

矮柳对二氧化碳适应性也很强。一般只种植矮柳的话就可以不充二氧化碳。但是如果希望能生长得快速并繁茂,可以适当人工加入二氧化碳。

矮柳能够吸收鱼排泄物所分解的微量元素,为自身所用。要想种好,二氧化碳、光照和养料还是缺一不可的。这些条件有保证的话,矮柳还是比较容易长好的。

用途

种植矮柳采用截枝扦插的方法。

可以使用粗砂或者小型鹅卵石为介质,用镊子轻轻把矮柳截枝种于其中即可,植物入水约2~3厘米。前期要保持光照来生长根系,一旦根系长成了,会抽出新的枝子。种植时每株最好相隔8~10厘米,以免叶片打架。

矮柳在某些鱼类的繁殖中也扮演着重要的角色。某些种类鱼所产下的鱼卵可以附着在矮柳这样的水草上。矮柳还能吸收鱼产生的垃圾废物,为鱼缸提供良好的生态平衡。

矮柳比较适合和喜欢微碱性水质的热带鱼一起养殖。

大柳

简介

大柳原分布亚洲东南部印度、印尼等地区水域，属于爵床科。大柳是一种粗犷的水草，生长很快而且茂密。常常作为造景的主体部分来使用。大柳对水质比较的敏感，所以常常被拿来当做测试鱼缸水质的标志性水草使用。

种植要求

大柳属于阳性草，因为生长比较快而且植物比较健壮，一般都是作为中后景草使用。

生长环境要求为：

对水的酸碱度要求为弱酸性，适应 6.5~7.5 的 pH 值。

水温控制在 20℃~30℃都能保持不死，但是以 23℃~28℃生长为最佳，温度过高会导致植株萎靡枯黄，过低植物会停止生长。

光照度适用中度－强度光线。大柳喜欢光照，所以在家中光线不强的房间里如果种植大柳就要对植物进行补充照明。

大柳生长速度很快，所以要想长出美丽繁茂的状态，最好还是加入充足的养分。大柳属于大型种，因为生长迅速，所以要使用宽阔的空间来栽种。要种植的话最好使用高 50 厘米以上的大缸。有了这些条件，大柳才能呈现出比较好的状态。大柳可以群栽，比较能出效果。

大柳一般都是沉水生长，但是如果光照比较多，或者空间狭窄不够生长的话，叶片会伸出水面，到时候可以进行适度的修剪。

大柳不能够忍受长时间低光照，大柳对二氧化碳也是很喜欢，可以适当人工加入二氧化碳，大柳才能生长得快速并繁茂。大柳能够吸收鱼排泄物所分解的微量元素为自身所用，因此保持水质的良好很重要。

用途

大柳是很方便的一种造景工具，能很快塑造出水中小森林的感觉。

种植大柳的方式可以使用侧芽或者截枝扦插。用粗砂或者小型鹅卵石为介质，用镊子轻轻把大柳截枝种于其中即可，每株最好相隔 5~8 厘米。

大柳常被作为测试鱼缸水质的标志性水草，如果大柳的状态下降，叶子出现斑点，则说明水质出现问题，应尽快换水或者改善水质。

大柳在某些鱼类的繁殖中也扮演着重要的角色，某些种类鱼所产下的鱼卵可以附着在大柳这样的水草上。大柳还能吸收鱼产生的垃圾废物，为鱼缸提供良好的生态平衡。

大柳基本能适应所有的热带鱼类，是造景的良好材料。

青叶草

简介

青叶草原分布亚洲东南部地区,属于爵床科。青叶草常常作为鱼缸中的主体部分使用,因为生长比较快,容易出效果,所以在喜欢草缸造景的朋友中很受欢迎。

种植要求

青叶草属于阳性草,一般作为中后景草使用。

生长环境要求为:

对水的酸碱度要求为中性,适应 6.5~7.8 的 pH 值。

水温控制在 20℃~30℃都能保持不死,但是以 23℃~28℃生长为最佳,温度过高或过低都会导致植株枯萎死亡。

光照度适用中度–强度光线。青叶草的生长离不开阳光，所以家中光线不足的朋友一定要买植物生长灯来补充光照。

青叶草生长速度很快，所以最好使用宽阔的空间来栽种。要想长出美丽繁茂的状态，必须加入充足的养分和充裕的阳光，有了这些条件，青叶草才能呈现出比较好的状态。

青叶草群栽比较能出效果，属于挺水植物，但是如果光照比较多或者空间狭窄不够生长，叶片会伸出水面，到时候可以进行适度的修剪。

青叶草体型比较大，要种植的话最好使用高 50 厘米以上的大缸。

青叶草对二氧化碳适应性很强，一般只种植青叶草的话可以不充二氧化碳，但是如果希望能生长得快速并繁茂，可以适当人工加入二氧化碳。

青叶草能够吸收鱼排泄物所分解的微量元素为自身所用，因此保持水质的良好很重要。

用途

青叶草是很普及的一种造景工具，大面积种植会产生很壮观的视觉效果。

种植青叶草的方式可以使用侧芽或者截枝扦插。

青叶草是使用泥土为种植介质的，泥土上可以铺沙或者鹅卵石，用镊子轻轻把青叶草截枝种于其中即可，植物入土约 2~3 厘米。种植之前记得把烂掉的部分清理掉，否则会影响后期嫩芽的萌出或者导致植株腐烂。一旦成活了，会抽出新的枝子。如果没有固定好，青叶草就容易枯萎。种植的时候每株最好相隔 5~8 厘米。

青叶草在某些鱼类的繁殖中也扮演着重要的角色，某些种类的鱼所产下的卵可以附着在青叶草这样的水草上。青叶草还能吸收鱼产生的垃圾废物，为鱼缸提供良好的生态平衡。

青叶草适应水质广泛，基本能适应所有的热带鱼类，是造景的良好材料。

水柳

简介

水柳原分布非洲南部地区，属于眼子菜科。它是一种非常飘逸的水草，叶子能长得很长，随着水流摇曳，非常漂亮。

种植要求

水柳属于阳性草，一般可以作为后景草做成飘逸的背景。

生长环境要求为：

对水的酸碱度要求为弱酸性，适应6~7.3的pH值。

水温控制在20℃~30℃都能保持不死，但是以23℃~28℃生长为最佳，温度过高或过低都会导致植株枯萎死亡。水柳是一种不怕水温变化的水草，只要是在生长适温时间的水温变化，水柳都能适应。

水柳虽然能适应水温，但是对光照要求比较高，光照度适用中度－强度光线。水柳生长速度一般，要想长出美丽繁茂的状态，最好加入二氧化碳、增强光照、加入养分，并且让水质稍软偏酸一些，有了这些条件，水柳才能呈现出比较好的状态。水柳不管是群栽还是单独栽种都能起到很好的装饰效果。

水柳一般都是沉水生长，但是叶片长长了也会浮到水面。水柳体型虽然大，但是叶片横向能生长得比较长，所以适合宽阔的鱼缸。如果叶片长长了，也可以进行适度的修剪。

水柳不能够忍受长时间低光照，如果在室内光线很暗的情况下种植水柳要买一个植物生长灯，这样比较容易养好水柳。水柳对二氧化碳适应性很强，一般只种植水柳的话就可以不充二氧化碳，但是如果希望能生长得快速并繁茂，可以适当人工加入二氧化碳。

水柳能够吸收鱼排泄物所分解的微量元素为自身所用，要想种好，二氧化碳、光照和养料是缺一不可的。这些条件有保证的话，水柳才比较容易长好。

用途

水柳是很漂亮的一种造景工具。

种植水柳采用匍匐茎或者截枝扦插的方法，可以使用粗砂或者小型鹅卵石为介质，用镊子轻轻把水柳截枝种于其中即可，植物入水约 2~3 厘米。种植之前记得把烂掉的部分清理掉，否则会影响后期嫩芽的萌出或者导致植株腐烂。前期要保持光照以便生长根系，一旦根系长成了，会抽出新的枝子。如果根系没有长好，水柳就容易枯萎。种植的时候每株最好相隔 8~10 厘米，以免叶片交缠。

水柳在某些鱼类的繁殖中也扮演重要的角色，某些种类鱼所产下的鱼卵可以附着在水柳这样的水草上。水柳还能吸收鱼产生的垃圾废物，为鱼缸提供良好的生态平衡。

水柳基本能适应所有的热带鱼类，是造景的良好材料。

大宝塔

简介

大宝塔原分布于亚洲的印度和斯里兰卡地区,属于玄参科。宝塔草的形状很美,丝状的羽毛层层叠起,貌似柔软但又非常飘逸。生长茂盛的时候整株植物的样子很蓬松,有层次,也许之所以被叫作宝塔草,是因为它容易让人联想起印度的阿育王塔吧。宝塔草生长速度快,颜色碧绿,是非常受欢迎的水草。

种植要求

大宝塔属于阳性草,作为前景草或者中景草均可,因为植株造型优美,一般作为前景草使用,如果作为主景草的点缀也有很好的效果。

生长环境要求为:

对水的酸碱度要求为弱酸性,6.5~7 的 pH 值。

水温控制在 22℃~30℃都能保持不死, 但是以 24℃~26℃生长为最佳,温度过高会导致植株枯黄,甚至枯萎死亡,温度过低植物会生长停止,长时间低温植物会冻死。

光照度适用强光线。一般的家庭室内散射太阳光线必须要加植物生长灯补光, 才够大宝塔的生长需要, 而且植物生长灯最好每天能开足 12 个小时。

大宝塔生长的速度很快,这种生长得很快的水草通常都会要求有充裕的养分提供。因此,充足的养分和足够的光照时间是养好宝塔草的两大关键。宝塔草喜欢软水,所以种植宝塔草的时候不能频繁地换水,每次换水要加入一些蒸馏水或者纯净水软化水质。大宝塔比较偏爱铁元素,缺铁会导致植物不能合成叶绿色,叶片会发黄,一旦出现这种现象,水温又没有问题的话,最好补充一下铁肥。有了这些条件,大宝塔就能呈现出比较好的生长状态。

大宝塔群栽比较壮观,单独栽一棵也别有韵味。

大宝塔一般都是沉水生长,很少会长出水面,它的体型比较大,能长得很高,最好使用深一些的缸种植。

要注意,大宝塔不能够忍受长时间低光照,如果在室内光线很暗的情况下种植大宝塔要买一个植物生长灯。大宝塔对二氧化碳的适应性很强,一般只种植大宝塔的话就可以不充二氧化碳,但是如果希望能生长得快速并繁茂,可以适当人工加入二氧化碳,加速生长。

大宝塔能够吸收鱼排泄物所分解的微量元素为自身所用,要想种好,二氧化碳、光照和养料是缺一不可的。

用途

大宝塔是非常漂亮的一种造景工具。

大宝塔通常通过扦插繁殖,可以使用粗砂或者泥石为介质,用镊子轻轻把大宝塔种于其中即可,植物入水约 2~3 厘米。种植之前记得把烂掉的部分清理掉,一旦成活了,会抽出新的枝子。如果没有固定好,大宝塔就容易枯萎。种植的时候每株最好相隔 3~5 厘米。

大宝塔一般搭配喜欢软水的热带鱼,二者搭配非常的美丽,观赏性很高。

大水芹

简介

大水芹原分布于热带非洲,属于水蕨科,叶片很大,呈羽叶状,非常漂亮。

种植要求

大水芹属于阳性草,一般作为前景草或者侧景草使用。大水芹叶片是欣赏的重点,放在前景更便于欣赏。

生长环境要求为:

对水的酸碱度要求为弱酸性到中性,适应性比较强,能适应5.5~7.5的pH值。

水温控制在18℃~30℃都能保持不死,但是以20℃~28℃生长为最佳,温度过高会导致植株枯萎死亡,温度过低植物会冻死。

需要强烈光照,一般的家庭室内散射太阳光线不能满足大水芹的生长需要,所以要按照缸的大小和水草的多少配置植物生长灯。

大水芹对水的pH值和水温的适应性都非常强,而且生长迅速,为了跟上这种生长势头,必须要增强光照和加入养分,这对大水芹的生长起到非常重要的作用。有了这些条件,大水芹才能呈现出比较好的状态,最终达到需要的效果。

用途

大水芹是鱼缸中很重要的一种造景工具。

种植大水芹的鱼缸最好以其为主景草。因为大水芹会长得很快,并且长得很大,再搭配一些辅助草类,鱼缸就非常漂亮了。

种植大水芹一般是采用子株方式来繁殖。子株会通过叶状体长出,到时候可以使用粗砂或小鹅卵石为介质,用镊子轻轻把大水芹种于其中即可,植物入水约2~3厘米。种植之前记得把烂掉的部分清理掉,否则会影响后期嫩芽的萌出或者导致植株腐烂。一旦成活了,会抽出新的枝子。如果没有固定好,大水芹就容易枯萎。种植时候每株最好相隔10厘米,因为大水芹生长十分得迅速,如果离得太近容易缠绕在一起,所以也要定期清理和修剪叶片,以期达到最美观的状态。

大水芹属于直立植物,还能吸收鱼排泄物所分解的微量元素,为自身所用。

大水芹在某些鱼类的繁殖中也扮演重要的角色。某些种类鱼所产下的鱼卵必须附着在大水芹这样的茂密叶片的水草上,它也为某些鱼儿提供了很好的藏身和休息之所。

大水芹还能吸收鱼产生的垃圾废物,为鱼缸提供良好的生态平衡。

大水芹基本能适应所有的热带鱼类,是造景的良好材料。

浮叶水芹

简介

浮叶水芹原分布热带非洲，属于水蕨科。浮叶水芹叶片分叉没有大水芹多，但也是叶片很美丽的水草。

种植要求

浮叶水芹属于阳性草，因为叶片造型漂亮，一般作为前景草或者侧景草使用。

生长环境要求为：

对水的酸碱度要求为弱酸性到中性，适应性比较强，能适应 5.5~8.5 的 pH 值。

水温控制在 18℃~30℃都能保持不死，但是以 20℃~28℃生长为最佳，温度过高会导致植株枯萎死亡，温度过低植物会冻死。

光照度：需中性—强烈光照，一般的家庭室内散射太阳光线不能满足浮叶水芹的生长需要，所以要按照缸的大小和水草的多少配置植物生长灯。

浮叶水芹是适应性非常强的植物，对水的 pH 值和水温的适应性都非常强，而且生长非常迅速。为了跟上这种生长势头，必须要增强光照和加入养分，这对浮叶水芹的生长起到非常重要的作用。浮叶水芹是非常容易种好的一种植物，而且造型美丽，但因为叶片生长迅速，所以要常常进行修剪来保持造型。

种植浮叶水芹一般是采用新芽子株方式来繁殖的。子株会通过叶状体长出，可以使用粗砂或小鹅卵石为介质，用镊子轻轻把浮叶水芹种于其中即可，植物入水约 2~3 厘米。一旦成活了，会抽出新的枝子。如果没有固定好，浮叶水芹就容易枯萎。种植的时候每株最好相隔 10 厘米，因为浮叶水芹生长十分迅速，如果离得太近容易缠绕在一起，所以也要定期清理和修剪叶片，以期达到最美观的状态。

用途

浮叶水芹是很漂亮的一种造景工具。因为浮叶水芹会长得很快，并且长得很大，一般搭配一些辅助草类，鱼缸就非常漂亮了。

浮叶水芹属于直立植物，还能吸收鱼排泄物所分解的微量元素，为自身所用。

浮叶水芹在某些鱼类的繁殖中也扮演着重要的角色，某些种类鱼所产下的卵必须附着在浮叶水芹这样叶片茂密的水草上。

浮叶水芹也可以作为孵化缸中的布景水草，比如以泡沫筑巢的斗鱼类就很喜欢浮叶水芹。它也为某些鱼儿提供很好的藏身和休息之所。浮叶水芹还能吸收鱼产生的垃圾废物，为鱼缸提供良好的生态平衡。

浮叶水芹适应性非常强，基本能适应所有的热带鱼类。

宫廷草

简介

宫廷草原分布于亚洲水域，属于千屈菜科，又叫雪花圆叶。宫廷草是一种比较容易上手的水草，造型美丽，叶片多而且伸展，群植效果极好，非常适合作为开缸水草使用。

种植要求

宫廷草属于阳性草。因为宫廷草生长很快，而且茂密，一般作为后景草，以及鱼缸中的主体布置水草来使用。

生长环境要求为：

对水的酸碱度要求为弱酸性，适应 5.5~7.3 的 pH 值。

水温控制在 20℃~30℃都能保持不死，但是以 23℃~28℃生长为最佳，温度过高会导致植株生长不良和发黄，温度过低植物会被冻死。

光照度：中度到强烈光线。要想种好宫廷草，必须提供长日照或者购买植物生长灯。

宫廷草的生长速度比较快，除了每天保持 4 个小时左右的日照之外，要想长出美丽繁茂的状态，最好还是加入充足的养分。宽阔的空间也对宫廷草的生长极为有利。有了这些条件，宫廷草才能呈现出比较好的状态。宫廷草群栽比较能出效果，单独栽种的宫廷草会显得比较弱小，没有气势。宫廷草一般都是沉水生长，要加入充足的养分以及提供充足的空间。它的体型比较大，最好使用高 60 厘米以上的大缸种植。

宫廷草很喜欢二氧化碳，群植的宫廷草需要大量的阳光、营养和二氧化碳。只有这几样都能补充到位，宫廷草才能长得快，很快出现茂密小森林的感觉。

宫廷草能够吸收鱼排泄物所分解的微量元素为自身所用，因此保持水质的良好很重要。

宫廷草的根系属于气生根，匍匐生长，能在沙面横向生长，也可以直立生长。宫廷草的造型非常灵活，也可以绑在沉木石块上来营造特别的视觉画面。

宫廷草可以使用根茎繁殖。使用粗砂或者小型鹅卵石为介质，用镊子轻轻把宫廷草种于其中即可，植物入水约 2~3 厘米。种植之前记得把烂掉的部分清理掉,否则会影响后期嫩芽的萌出或者导致植株腐烂。一旦成活了,会抽出新的枝子。如果没有固定好,宫廷草就容易枯萎。种植时候每株最好相隔 5~8 厘米。如果宫廷草绿色减淡发白,说明水中缺乏铁元素,可以根据具体情况自行补充营养元素。

用途

宫廷草是很普及的一种造景工具,还能吸收鱼产生的垃圾废物,为鱼缸提供良好的生态平衡。宫廷草基本能适应所有的热带鱼类,造型很快,很受新手的欢迎。

箦藻

简介

箦藻原产于亚洲东部地区，如中国台湾及附近的印尼、日本等。属于水鳖科。它属于沉水性水草，分为日本箦藻、长茎箦藻等品种。箦藻的样子很飘逸，造景效果出色，很受草缸玩家的欢迎。

种植要求

箦藻属于阳性草，体积相对比较小，作为前景草更能体现出植物的飘逸感。

生长环境要求为：

对水的酸碱度要求为弱酸性，一般能适应 pH5.2~6.5。它比较娇气，需要很多很强的光线和二氧化碳。

水温控制在20℃~28℃都能保持不死，但是以23℃~27℃生长为最佳，温度过高会导致植株枯萎死亡，长期的温度过低植物会冻死。竻藻喜欢软水，所以适合喜欢软水的鱼来混养。每次换水可以适当加入一些蒸馏水或者纯净水增强水的软度。

光照度适用强光线。竻藻需要每天6~8个小时的直射光照才能长好，所以种植竻藻需要一个功率不小的植物生长灯，或者把草缸放在有阳光长时间直射的地方。

竻藻比较喜欢二氧化碳结合光线来进行光合作用，所以需要大量的二氧化碳，一般的缸满足不了所需的量，最好能适量地在水中充入二氧化碳，这对竻藻的生长非常有好处。

竻藻属于向上生长型，生长的速度比较慢，生长要求也比较高，所以对新手而言是养殖比较有难度的一种水草。二氧化碳、增强光照和养分一定要跟上，有了这些条件，竻藻才能呈现出比较好的状态。值得注意的是，竻藻对水压比较敏感，所以不要经常变换缸和水压。

竻藻体型中等，最好使用高30厘米以上的大缸种植。

竻藻能够吸收鱼排泄物所分解的微量元素为自身所用，但是这种吸收毕竟比较有限。要想种好，二氧化碳、光照和养料是缺一不可的，这些条件有保证的话，竻藻是非常容易种植的。

种植竻藻可以使用粗砂或者小型鹅卵石为介质，用镊子轻轻把竻藻种于其中即可，植物入水约2~3厘米。种植之前记得把烂掉的部分清理掉，否则会影响后期嫩芽的萌出或者导致植株腐烂。一旦成活了，会抽出新的枝子。如果没有固定好，竻藻就容易死亡。定植时候的温度不要超过25℃，温度太高就不容易成活。种植时候每株最好相隔5~10厘米左右，这样蓬松的叶片才不会打架。

竻藻繁殖也很方便，只要截取一段侧枝或者根插入底沙或者鹅卵石，条件合适的话很快就能长出新的植株。

用途

竻藻是很漂亮的一种造景植物，在某些鱼类的繁殖中也扮演着重要的角色，某些种类鱼所产下的鱼卵可以附着在竻藻这样的水草上。竻藻还能吸收鱼产生的垃圾废物，为鱼缸提供良好的生态平衡。

值得注意的是，种植竻藻的缸里最好饲养能适应软水的热带鱼类。

古巴叶底红

简介

古巴叶底红原分布中美洲和南美洲地区水域，属于柳叶菜科，以叶片多而繁茂著称。古巴叶底红颜色碧绿，叶顶会出现美丽的红色渐变，还会出现红色的丝，植物高大，加上细长的叶片，整株植物会随着水流摇摆，非常有动感。

种植要求

古巴叶底红属于阳性草，作为中景草或者后景草均可，相对更合适作为后景草。可以作为鱼缸主景草使用。

生长环境要求为：

对水的酸碱度要求为弱酸性至中性，pH6.5~7。

水温控制在20℃~30℃都能保持不死，但是以23℃~28℃生长为最佳，温度过高会导致植株红色消食，变黄枯萎，温度过低植物会冻死。

光照度：中度－强度光线。一般的家庭室内散射太阳光线必须要加植物生长灯补光，才能满足古巴叶底红的生长需要。

古巴叶底红生长速度很快，所以要及时加入二氧化碳、增强光照、加入养分，才能养出美丽飘逸的效果。让水质稍软偏酸一些，对其生长极为有利，群栽比较能出效果。

古巴叶底红一般都是沉水生长，靠近水面的部分变成红色，像书中盛开红色的菊花一样美丽。它的体型比较大，要种植的话最好使用高40厘米以上的缸。

古巴叶底红不能够忍受长时间低光照，如果室内光线很暗的情况下种植古巴叶底红，要买一个植物生长灯，这样比较容易养好古巴叶底红。

古巴叶底红很喜欢二氧化碳，群植的古巴叶底红需要大量的阳光，营养和二氧化碳，只要这几样都能补充到位，古巴叶底红会长得非常快。古巴叶底红能够吸收鱼排泄物所分解的微量元素为自身所用。要想种好，还要加入颗粒肥料，保证营养的供给。

古巴叶底红会从叶腋生出侧芽，可以用侧芽来进行繁殖，也可以把顶芽切下来，扦插进介质即可。种植古巴叶底红可以使用粗砂或者小型鹅卵石为介质，用镊子轻轻把古巴叶底红种于其中即可，植物入水约2~3厘米。

种植之前记得把烂掉的部分清理掉，否则会影响后期嫩芽的萌出或者腐烂掉。一旦成活了，会抽出新的枝子。如果没有固定好，古巴叶底红就容易枯萎。种植的时候每株最好相隔 3~5 厘米，很快就能长得很漂亮。

用途

古巴叶底红是很漂亮的一种造景工具，而且效果出众，所以用者广泛。

古巴叶底红在某些鱼类的繁殖中也扮演着重要的角色，某些种类鱼所产下的卵必须附着在古巴叶底红这样的水草上。它还能吸收鱼产生的垃圾废物，为鱼缸提供良好的生态平衡。古巴叶底红基本能适应所有的热带鱼类，是造景的良好材料。

叶底红

简介

叶底红原分布北美洲地区水域，尤其是北美洲的中部地区分布更加广泛。叶底红属于柳叶菜科，又叫作叶底红丁香，属于沉水植物，叶子正面绿色，背面红色，整株植物娇小可人，颜色绚烂多彩。叶底红的颜色会根据环境的不而略有改变。

种植要求

叶底红属于阳性草，作为中景草或者前景草均可，相对更合适作为前景草，可以作为鱼缸最前面的点睛之笔使用。

生长环境要求为：

对水的酸碱度要求为弱酸性至中性，适应范围非常广，能适应 pH5.5~7.5。

水温控制在 20℃~30℃都能保持不死，但是以 23℃~28℃生长为最佳，温

度过高会导致植株红色消失，变黄枯萎，温度过低植物会停止生长。

光照度：中度－强度光线。一般的家庭室内散射太阳光线必须要加植物生长灯补光，才能满足叶底红的生长需要。

叶底红生长速度很快，所以要及时加入二氧化碳、增强光照、加入养分，才能养出颜色美丽的叶底红。叶底红可以是群栽，也可以单独栽一棵，可以进行各种搭配。

叶底红一般都是沉水生长，叶片收拢，靠得比较近，红绿相间非常耀眼。叶底红、体型比较小，如果用的是小型鱼缸，可以考虑种植，一定会有意想不到的效果。

叶底红不能够忍受长时间低光照，低光照对于叶底红来说，就意味着颜色暗淡不健康。在室内光线很暗的情况下种植叶底红要买一个植物生长灯，这样才能保证红色保持鲜艳。

叶底红很喜欢二氧化碳，群植需要大量的阳光、营养和二氧化碳。只要这几样都能补充到位，叶底红会长得非常快。叶底红能够吸收鱼排泄物所分解的微量元素为自身所用，要想种好，还要在介质中加入颗粒肥料，保证营养的供给。经常修剪能保持植物的美观，促进植物的代谢。

叶底红一般通过扦插来进行繁殖，也可以把自己需要的枝子切下来，扦插进介质即可。种植叶底红可以使用粗砂或者小型鹅卵石为介质，用镊子轻轻把叶底红种于其中，植物入水约 2~3 厘米。种植之前记得把烂掉的部分清理掉，否则会影响后期嫩芽的萌出或者导致植株腐烂。一旦成活了，会抽出新的枝子。种植的时候每株最好相隔 3~5 厘米。

用途

叶底红是很漂亮的一种造景工具，而且效果出众，所以用者广泛。它基本能适应所有的热带鱼类，是造景的良好材料。

红三角芋

简介

红三角芋原产于亚洲东南部地区，印度、斯里兰卡等地区，属于睡莲科，沉水性水草。红三角芋叶片很大，呈很明显的三角形。叶片红褐色，叶柄比较长。叶子会在水面上形成浮叶，也会开花，花开粉红色或者淡蓝色。红三角芋是一种非常美丽的水草，很受鱼友的欢迎。

种植要求

红三角芋属于阳性草，比较适合作为前景草和中景草。

生长环境要求为：

对水的酸碱度要求为弱酸性，一般能适应水的 pH 值为 6~7.3。

水温控制在 20℃~28℃都能保持不死，但是以 23℃~27℃生长为最佳，温度过高会导致植株生长不良，长期的温度过低植物会冻死。

光照度：较强光线。从红三角芋的大叶片能看出，一定是比较喜欢阳光充裕的环境，所以种植红三角芋肯定是需要一个植物生长灯，或者把草缸放在有长时间阳光直射的地方。要想红三角芋颜色保持艳丽，就要保证光线的充足。有了充裕的光线，红三角芋才会保证颜色艳丽，姿态优雅。

红三角芋属块茎生长，生长速度比较快。红三角芋生长期间，要注意营养的补充，及时补充营养才能保证叶片生长良好，不会出现生长畸形或者弱小没有光泽的叶片。

红三角芋体型能长得比较大，要种植的话最好使用高 50 厘米以上的大缸。

红三角芋能够吸收鱼排泄物所分解的微量元素，为自身所用，但是这种吸收毕竟比较有限。要想种好红三角芋，二氧化碳、光照和养料是缺一不可的。

红三角芋繁殖也很方便，可以使用粗砂或者泥为介质，把块茎上的侧枝轻轻分离，用镊子侧枝埋在介质里面，一旦成活了，很快会抽出新的枝子。

定植时候的温度不要超过 25℃，温度高就不太容易成活。种植的时候每株最好相隔 5~10 厘米左右，这样对于后期移栽和管理都比较方便。

红三角芋也可以用种子种植，不过种子种植比较麻烦，所以一般采用扦插法繁殖能快速见效。

红三角芋在生长期过后会出现一个休眠期，那时可以把块茎取出，剪掉叶子和根须，休眠两个月之后再重新种植。

用途

红三角芋是很漂亮的一种造景植物，在某些鱼类的繁殖中也扮演着重要的角色，某些种类鱼所产下的鱼卵可以附着在红三角芋这样的水草上。红三角芋的适应 pH 值比较广，基本能适应任何淡水热带鱼。

红芋

简介

红芋原产于亚洲东南部地区，马达加斯加等地区，属于睡莲科，沉水性水草。红芋分为将军红芋、红心芋等品种。红芋叶片很大，很像陆地上的滴水观音的感觉，所以当草缸中的红芋在水流中摇摆，叶子的翻转起伏就像蝴蝶一般美丽。红芋种植起来不难，是一种比较受欢迎的水草。

种植要求

红芋属于阳性草，比较适合作为前景草和中景草。因为红芋的叶片艳丽而且如纷飞的蝴蝶，作为前景草更具有观赏性。

生长环境要求为：

对水的酸碱度要求为弱酸性，但是适应范围比较广泛，一般能适应水的 pH 值为 5.5~7.5。红芋对环境适应性比较强。

水温控制在 20℃~28℃都能保持不死，但是以 23℃~27℃生长为最佳，温度过高会导致植株枯萎死亡，长期的温度过低植物会冻死。

光照度：较强光线。从红芋的大叶片能看出它比较喜欢阳光充裕的环境，所以种植红芋需要一个植物生长灯，或者把草缸放在有长时间阳光直射的地方。

红芋属于匍匐生长，生长速度比较慢，二氧化碳、增强光照和养分一定要跟上，有了这些条件，红芋才能呈现出比较好的状态。值得注意的是红芋喜欢大肥，所以要经常将一些水草专用颗粒肥料均匀铺在植料上。

红芋体型中等，种植的话最好使用高 50 厘米以上的大缸。

红芋能够吸收鱼排泄物所分解的微量元素为自身所用，但是这种吸收毕竟比较有限。要想种好红芋，二氧化碳、光照和养料缺一不可。

红芋繁殖也很方便，可以使用粗砂或者小型鹅卵石为介质，剪下一段母株的匍匐茎，用镊子轻轻把红芋匍匐茎埋在介质里面，一旦成活了，很快会抽出新的枝子。

定植时候的温度不要超过 25℃，温度高就不太容易成活。种植的时候每株最好相隔 5~10 厘米左右，这样对于后期移栽和管理都比较方便。

红芋也可以用种子种植，不过种子种植比较麻烦，所以采用扦插法繁殖能够快速见效。

用途

红芋是很漂亮的一种造景植物，在某些鱼类的繁殖中也扮演着重要的角色，某些种类鱼所产下的鱼卵可以附着在红芋这样的水草上。红芋还能吸收鱼产生的垃圾废物，为鱼缸提供良好的生态平衡。

红芋适应的 pH 值比较广泛，也基本能适应任何淡水热带鱼。

虎斑睡莲

简介

虎斑睡莲广泛分布于非洲西部区域的水域中,属于睡莲科,挺水植物,也被称做花虎睡莲。虎斑睡莲和四色睡莲是睡莲科中最被常用的植物。虎斑睡莲叶片翠绿,并且有褐色的点状斑纹,叶片成马蹄形状,辨识度很高。

种植要求

虎斑睡莲属于阳性草,叶片漂亮,茎条优美,作为后景草或者中景草均可,相对更合适作为后景草。

生长环境要求为:

对水的酸碱度要求为弱酸性至中性,温度适宜的时候虎斑睡莲生长很快,而且忍耐力强,一般能忍受6~7.5的pH值,基本适应任何水质。

水温控制在15℃~30℃都能保持不死, 但是以20℃~25℃生长为最佳,所以室温下更适合在温带地区生长,温度过高会导致植株休眠不长,变黄枯萎。15℃即进入冬眠,长期低温会导致整株枯死,但是来年温度回升又会重新长出来。

光照度:中强度光线。如果放置于室内必须要加植物生长灯补光,才能满足虎斑睡莲的生长需要。或者放到有太阳直射的地方, 每天要晒超过6个小时。

虎斑睡莲生长速度非常快。因为对生长环境几乎都不挑剔,所以需要充足的光照、养分和二氧化碳的供给,有了这几个条件,虎斑睡莲才能呈现出比较好的状态。必要时要进行修剪,将老叶子摘去,促进新叶的长出。虎斑睡莲原来属于大型水草,但如果使用小缸会限制植株的大小,所以对容器也几乎没有要求。

虎斑睡莲不能够忍受长时间低温低光照,如果室内光线很暗的情况下种植虎斑睡莲要买一个植物生长灯。虎斑睡莲很喜欢二氧化碳,最好能人工充入二氧化碳辅助植物生长。

虎斑睡莲能够吸收鱼排泄物所分解的微量元素为自身所用,但是光靠这些想种好虎斑睡莲是不够的,最好在介质中加入颗粒肥料。虎斑睡莲喜欢肥料,肥料充足就长得很快。

虎斑睡莲属于块茎生长,可以使用粗砂或者泥为介质,用镊子轻轻把虎斑睡莲块茎种于其中,用介质土把根系盖住。种植之前记得把烂掉的部分清理掉,否则会影响后期嫩芽的萌出或者导致植株腐烂。一旦成活了,会抽出新的枝子。如果没有固定好,虎斑睡莲会慢慢烂掉死亡。如果一次种植多株,种植的时候每株最好相隔 15 厘米以上,不然叶片伸展不开。

虎斑睡莲繁殖也很方便,它的块茎会生出小块茎。到时候分株即可,分株之后之后生长很快。

用途

虎斑睡莲是很漂亮的一种造景植物。如果种植在水浅的地方会变成浮叶植物。鱼缸中就不容易生出浮叶,而且生命力强,种植非常简单,很适合新手。

虎斑睡莲在某些鱼类的繁殖中也扮演着重要的角色,某些种类鱼所产下的鱼卵可以附着在虎斑睡莲这样的水草上。虎斑睡莲还能吸收鱼产生的垃圾废物,为鱼缸提供良好的生态平衡。虎斑睡莲基本能适应所有的热带鱼类,是很好的鱼缸水草品种。

要注意的是,万一水中的藻类生长覆盖到虎斑睡莲叶片上,要马上擦去,否则会妨碍植物的光合作用,造成植物死亡。

四色睡莲

简介

四色睡莲属于睡莲科，广泛分布于世界各地的水域。它属于挺水植物，在睡莲科中和虎斑睡莲一起是最被常用的植物。四色睡莲之所以叫四色，和叶片的绚烂多彩有很大的关系，因为颜色丰富，使它在一片绿色的水草中非常醒目，加上整株的造型很典雅，属于好用的造景草。

种植要求

四色睡莲属于阳性草，茎叶的造型优美，作为前景草或者中景草均可，相对来说更合适作为前景草。

生长环境要求为：

对水的酸碱度要求为弱酸性至中性，而且忍耐力强，一般能忍受 pH6~8，基本适应任何水质。

水温控制在 10℃~30℃都能保持不死，但是以 10℃~25℃生长为最佳，所以室温下更适合在温带地区生长。温度过高会导致植株不长，变黄枯萎。

四色睡莲能耐10℃的低温,但是长期的温度过低也受不了。

光照度:中强度光线。如果放置于室内,必须要加植物生长灯补光,才能满足四色睡莲的生长需要;或者放到有太阳直射的地方,每天被晒超过6个小时。

四色睡莲生长速度非常快,因为对生长环境几乎都不挑剔,所以光照和养分一定要跟上,有了这两个条件,四色睡莲才能呈现出比较好的状态。种下一棵四色睡莲很快就能长成一片, 比如一个长1.5米的缸种一颗四色睡莲就能够长满,所以必要的时候要进行修剪,将老叶子摘去,促进新叶的长出。如果使用小缸能限制植株的大小,所以对容器几乎没有要求。四色睡莲个体虽然很小,但是长成后效果很好。

四色睡莲不能够忍受长时间低温低光照,如果在室内光线很暗的情况下种植四色睡莲要买一个植物生长灯,这样比较容易养好。四色睡莲对二氧化碳需求很低,一般种植的时候可以不充二氧化碳。

四色睡莲能够吸收鱼排泄物所分解的微量元素为自身所用,但是光靠这些想种好四色睡莲是不够的,最好在介质中加入颗粒肥料。这些条件有保证的话,四色睡莲很快会出现非常好的状态。

种植四色睡莲可以使用粗砂或者泥为介质,用镊子轻轻把四色睡莲根茎种于其中即可,植物入土把根系盖住。种植之前记得把烂掉的部分清理掉,否则会影响后期嫩芽的萌出或者导致植株腐烂。一旦成活了,会抽出新的枝子。如果没有固定好,四色睡莲会慢慢烂掉死亡。如果一次种植多株,种植的时候每株最好相隔15厘米以上,不然叶片伸展不开。

四色睡莲繁殖也很方便,会在叶柄生出小芽,小芽超过2厘米或者自己掉落后,将其插入介质即可。不仅繁殖非常方便,而且之后生长很快。

【用途】

四色睡莲是很漂亮的一种造景植物,而且生命力强,种植非常简单,很适合新手试种。

四色睡莲在某些鱼类的繁殖中也扮演着重要的角色,某些种类鱼所产下的鱼卵可以附着在四色睡莲这样的水草上。四色睡莲还能吸收鱼产生的垃圾废物,为鱼缸提供良好的生态平衡。它基本能适应所有的热带鱼类。

要注意的是,万一水中的藻类覆盖到四色睡莲叶片上,要马上擦去,否则会妨碍植物的光合作用,造成植物死亡。

紫荷根

简介

紫荷根属于睡莲科,原广泛分布非洲西部。紫荷根的颜色会出现红色或者紫色,在水中和其他绿植搭配非常显眼。

种植要求

紫荷根属于阳性草,因为颜色漂亮,造型优雅,一般作为前景草或者作为侧面点缀使用。

生长环境要求为:

对水的酸碱度要求为弱酸性,适应 5.5~7 的 pH 值。

水温控制在 20℃~30℃都能保持不死, 但是以 23℃~26℃生长为最佳,温度过高会导致植株枯萎死亡,温度过低植物也会死亡。

光照度:强光线。一般家庭平日的散射光线不能满足紫荷根的生长需要,所以要根据缸的大小和水草的多少来选择植物生长灯。

紫荷根属于挺水植物,而且生长速度很快。它喜欢强烈的光照,但是要想长出美丽繁茂的状态,还要加入充足的养分,可以使用颗粒肥料放入介质中。

紫荷根一般都是沉水生长,但是如果光照比较多,叶片会生长伸出水面,浮在水面上。到时候可以进行适度的修剪来造型。

紫荷根体型不大,要种植的话使用高 40 厘米以上的缸就可以。

紫荷根不仅需要很强烈的光线照射,紫荷根也很喜欢二氧化碳,所以如果希望能生长得快速并繁茂,可以人工充入二氧化碳。

紫荷根能够吸收鱼排泄物所分解的微量元素为自身所用,因此保持水质的良好很重要。荷根单独种植很漂亮,群栽也很不错,像一群紫蝴蝶漂浮在水中,如果再加上穿梭的热带鱼,会是一幅非常美丽的画面。

用途

因为叶片颜色漂亮,而且生长很快,所以很受鱼友的欢迎。

种植紫荷根的方式可以使用类似根的茎或者侧芽来繁殖。用粗砂或者小型鹅卵石为介质,用镊子轻轻把紫荷根根状茎种于其中即可,插入介质大约 1 厘米,一旦成活了,会抽出新的枝子。如果光线足够而且营养充足,

能长出 6~8 片水中叶，之后会抽出挺水的叶片。

紫荷根的栽培比较容易，适应性非常强，但是扦插的时候忌讳高温，高温会导致枯萎腐烂，所以种植季节最好集中在春、秋天。种植的时候每株最好相隔 5~8 厘米。

紫荷根在某些鱼类的繁殖中也扮演着重要的角色，某些种类鱼所产下的鱼卵可以附着在紫荷根这样的水草上。紫荷根还能吸收鱼产生的垃圾废物，为鱼缸提供良好的生态平衡。

紫荷根基本能适应所有的热带鱼类，是造景的良好材料。

红丝青叶

简介

红丝青叶属于爵床科,原分布亚洲的印度和斯里兰卡。叶子对生,叶小细长呈红色,叶边缘有黏黏的小绒毛,造型十分漂亮而且生长比较快,是很受欢迎的一款主景草。红丝青叶与青丝青叶的区别在于,红丝青叶叶片发红,红色叶脉明显,需要光照更多。但是和青丝青叶一样,红丝青叶的水上叶有一定的毒素,所以不能和敏感的热带鱼同放一缸。

种植要求

红丝青叶属于阳性草,颜色漂亮,造型很优美,整体能长得比较大,一般作为中后景草使用。

生长环境要求为:

对水的酸碱度要求为中性,适应性非常强,能够适应 6~8.5 的 pH 值。

水温控制在 20℃~30℃都能保持不死,但是以 23℃~28℃之内生长为最佳,温度过高或过低都会导致植株枯萎死亡。

光照度:中度—强度光线。红丝青叶的生长离不开阳光,如果阳光不足,红色会褪掉,所以家中光线不足的朋友一定要买植物生长灯来补充光照。

红丝青叶生长速度很快,所以最好使用比较大的鱼缸来栽种。要想红丝青叶长出美丽繁茂的状态,必须加入充足的养分和强烈的阳光。有了这些条件,种好红丝青叶就不会很困难。红丝青叶水上叶有微毒素的关系,最好是单独种植,不要和其他水草混养,就算想混养也要间隔出距离。群栽比较能出效果。

红丝青叶属于挺水植物,叶片会伸出水面,长出水上叶,到时候可以进行适度修剪。

红丝青叶体型比较大,最好使用高 50 厘米以上的大缸种植。

一般单独种植红丝青叶可以不充二氧化碳,但是如果希望能生长得快速并繁茂,可以适当人工加入二氧化碳来辅助植物生长。

用途

红丝青叶是很受欢迎的一种造景工具, 在水中属于红色系的水草,在强光照下会出现美丽的红色和红丝,非常漂亮,尤其群植效果更是壮观。注意一定要保持强度光线,否则红色不艳丽,红丝也看不出来。

繁殖红丝青叶的方式可以使用修剪后的侧芽或者截枝扦插。红丝青叶是使用泥土为种植介质的,泥土上可以铺沙或者鹅卵石,用镊子轻轻把红丝青叶截枝种于其中即可,植物入土约 2~3 厘米,一旦成活了,会抽出新的枝子。如果没有固定好,红丝青叶就容易枯萎。种植时候每株最好相隔 5~8 厘米。

红丝青叶能够吸收鱼排泄物所分解的微量元素为自身所用,这对保持水质的良好起到很关键的作用。红丝青叶适应水质广泛,是造景的良好材料。

青丝青叶

简介

青丝青叶属于爵床科,原分布于亚洲的印度和斯里兰卡。叶子对生,叶小而多,叶边缘有黏黏的小绒毛。青丝青叶造型漂亮,而且因为生长比较快,容易出效果,是很受欢迎的一款主景草。青丝青叶的水上叶有一定的毒素,所以不能和敏感的热带鱼同放一缸。

种植要求

青丝青叶属于阳性草,整体造型很优美,一般来说都是作为中后景草使用。

生长环境要求为:

对水的酸碱度要求为中性,适应 6.5~7.3 的 pH 值。

水温控制在 20℃~30℃都能保持不死,但是以 23℃~28℃生长为最佳,温度过高或过低会导致植株枯萎死亡。

光照度:中度－强度光线。青丝青叶的生长离不开阳光,所以家中光线不足的朋友一定要买植物生长灯来补充光照。

青丝青叶生长速度很快,所以最好使用比较大的鱼缸来栽种。要想青丝青叶长出美丽繁茂的状态,必须加入充足的养分和充裕的阳光。有了这些条件,种好青丝青叶就不会很困难。由于青丝青叶水上叶有微毒素的关系,最好是单独种植,不要和其他水草混养,就算想混养,也要间隔出距离。群栽比较能出效果。

青丝青叶属于挺水植物,如果光照比较多,叶片会伸出水面,到时候可以进行适度的修剪。

青丝青叶体型比较大,最好使用高 50 厘米以上的大缸种植。

一般单独种植青丝青叶可以不充二氧化碳,但是如果希望能生长得快速并繁茂,可以适当人工加入二氧化碳来辅助植物生长。

用途

青丝青叶是很受欢迎的一种造景工具。在强光照射下,顶端的叶片会出现红色,非常美丽。大面积种植会产生比较壮观的视觉效果。

繁殖青丝青叶的方式可以使用修剪后的侧芽或者截枝扦插。青丝青叶

是使用泥土为种植介质的，泥土上可以铺沙或者鹅卵石，用镊子轻轻把青丝青叶截枝种于其中即可，植物入土约 2~3 厘米。一旦成活了，会抽出新的枝子。如果没有固定好，青丝青叶就容易枯萎。种植时候每株最好相隔 5~8 厘米。

青丝青叶能够吸收鱼排泄物所分解的微量元素为自身所用，这对保持水质的良好起到很关键的作用。青丝青叶适应的水质广泛，是造景的良好材料。

皇冠

简介

皇冠属于泽泻科，原分布南美洲地区，又叫王冠草或者亚马孙剑草。叶片青翠，叶片造型展开像一顶皇冠，造型非常贵气而且优雅，在鱼友中颇受欢迎。

种植要求

皇冠属于阳性草，因为皇冠造型华丽，颜色漂亮，一般是后景草或者中景草，作为鱼缸中的主体布置水草来使用。

生长环境要求为：

对水的酸碱度要求为弱酸性，适应 6.5~7.3 的 pH 值。

水温控制在 20℃~30℃都能保持不死，但是以 23℃~28℃生长为最佳，温度过高或过低都会导致植株枯萎死亡。

光照度：强烈光线。要把皇冠草种好，必须要提供长日照或者购买植物生长灯。

皇冠生长速度比较快,除了每天保持 5 个小时左右的日照之外,要想长出美丽繁茂的状态,最好还是加入充足的养分。宽阔的空间也对皇冠生长极为有利。有了这些条件,皇冠才能呈现出比较好的状态。皇冠群栽比较能出效果,也可以单独栽种,因为单株的皇冠也能长得很大很美丽。

皇冠一般都是沉水生长,但是如果光照比较多,或者空间狭窄不够生长的话,叶片会伸出水面。应加入充足的养分并且给皇冠充足的空间。

皇冠体型比较大,最好使用高 60 厘米以上的大缸。

皇冠对二氧化碳适应性很强,一般只种植皇冠的话就可以不充二氧化碳。但是如果希望能生长得快速并繁茂,可以适当人工加入二氧化碳。

皇冠能够吸收鱼排泄物所分解的微量元素为自身所用,因此保持水质的良好很重要。

需要注意的是,皇冠草叶片比较脆弱,不要经常移动植物,不然容易损伤叶片。

用途

皇冠是很漂亮的一种造景工具。被鱼友称为“水草之王”。

皇冠的繁殖可以使用根茎繁殖或者分株繁殖。用粗砂或者小型鹅卵石为介质,用镊子轻轻把皇冠种于其中即可,植物入水约 2~3 厘米。种植之前记得把烂掉的部分清理掉, 否则会影响后期嫩芽的萌出或者导致植株腐烂。一旦成活了,会抽出新的枝子。如果没有固定好,皇冠就容易枯萎。种植时候每株最好相隔 5~8 厘米。

皇冠在某些鱼类的繁殖中也扮演着重要的角色,某些种类鱼所产下的鱼卵可以附着在皇冠这样的水草上。皇冠还能吸收鱼产生的垃圾废物,为鱼缸提供良好的生态平衡。

皇冠基本能适应所有的热带鱼类,是造景的良好材料。

细叶皇冠

简介

细叶皇冠原分布南美洲地区，属于泽泻科，叶片青翠，和普通皇冠的区别在于叶柄非常短，几乎看不见，叶片也更细一些。细叶皇冠属于比较小型的皇冠水草，在沼泽地也可以生长。

种水域植要求

细叶皇冠属于阳性草，因为造型比较娇小，姿态优美，颜色漂亮，一般作为中景草或者前景草使用，也可以作为侧面的点缀。

生长环境要求为：

对水的酸碱度要求为中性，适应 6.5~7.5 的 pH 值。

水温控制在 20℃~30℃都能保持不死，但是以 22℃~25℃生长为最佳，温度过高会导致植株休眠，或者变黄枯萎死亡，温度过低植物也会冻死。

光照度：强烈光线。要把细叶皇冠草种得好，必须要提供长日照或者购买植物生长灯。

细叶皇冠生长速度比较快，除了每天保持 5 个小时左右的日照之外，还要加入充足的养分。细叶皇冠很喜欢二氧化碳，最好人工加入二氧化碳促进生长。群栽比较能出效果，也可以单独栽种，因为单株的细叶皇冠也非常美丽。

细叶皇冠一般都是沉水生长，但是如果光照比较多，或者空间狭窄不够生长的话，叶片会伸出水面，所以要经常做适度修剪，加入充足的养分并且给细叶皇冠充足的空间。

细叶皇冠能够吸收鱼排泄物所分解的微量元素为自身所用，因此保持水质的良好很重要。

需要注意的是：细叶皇冠草叶片比较脆弱，不要经常移动植物，不然容易损伤叶片。

种植细叶皇冠可以使用粗砂或者小型鹅卵石为介质，用镊子轻轻把细叶皇冠种于其中即可，植物入水约 2~3 厘米。种植之前记得把烂掉的部分清理掉，否则会影响后期嫩芽的萌出或者导致植株腐烂。一旦成活了，会抽出新的枝子。如果没有固定好，细叶皇冠就容易枯萎。种植时候每株最好相隔 3~5 厘米。细叶皇冠可以使用延伸出来的子株繁殖，要注意，子株生出来之后母株就会瘦弱，严重时会导致枯萎，所以不需要繁殖的朋友可以把子株掐掉，好让母株生长得更旺盛。

用途

细叶皇冠在某些鱼类的繁殖中也扮演着重要的角色，某些种类鱼所产下的鱼卵可以附着在细叶皇冠这样的水草上。细叶皇冠还能吸收鱼产生的垃圾废物，为鱼缸提供良好的生态平衡。

细叶皇冠是很漂亮的一种水草，基本能适应所有的热带鱼类，是造景的良好材料。

绿菊花草

简介

绿菊花草原分布中美洲地区，属于莼菜科，以叶片浓密繁茂著称。颜色碧绿，叶子如盛开的菊花绽放在水中，用灯光一打，能为鱼缸增加别样的美丽。

种植要求

绿菊花草属于阳性草，作为前景草或者后景草均可，相对更合适作为后景草。

生长环境要求为：

对水的酸碱度要求为弱酸性至中性，适应 pH6.5~7.3。

水温控制在20℃~30℃都能保持不死，但是以23℃~28℃生长为最佳，温度过高会导致植株枯萎死亡，温度过低植物会冻死。

光照度：中度光线。一般的室内散射太阳光线必须要加植物生长灯补光，才能满足绿菊花草的生长需要。

绿菊花草生长速度一般。虽然生长的要求不高，但是要想长出美丽繁茂的状态，最好还是加入二氧化碳、增强光照、加入养分，并且让水质稍软偏酸一些，这对绿菊花草生长极为有利。有了这些条件，绿菊花草才能呈现出比较好的状态。群栽比较能出效果。

绿菊花草一般都是沉水生长，一旦长出水面，会开出白色的花朵，也很欣赏的意趣。它的体型比较大，最好使用大缸种植。

绿菊花草不能够忍受长时间低光照，如果在室内光线很暗的情况下种植绿菊花草，要买一个植物生长灯，这样比较容易养好。绿菊花草对二氧化碳的适应性很强，一般只种植绿菊花草的话可以不充二氧化碳，但是如果希望能生长得快速并繁茂，可以适当人工加入二氧化碳。

绿菊花草能够吸收鱼排泄物所分解的微量元素为自身所用。要想种好，二氧化碳、光照和养料还是缺一不可的。这些条件有保证的话，绿菊花草很容易长好。

用途

绿菊花草是很漂亮的一种造景工具。

种植绿菊花草可以使用粗砂或者小型鹅卵石为介质，用镊子轻轻把绿菊花草种于其中即可，植物入水约2~3厘米。种植之前记得把烂掉的部分清理掉，否则会影响后期嫩芽的萌出或者导致植株腐烂。一旦成活了，会抽出新的枝子。如果没有固定好，绿菊花草就容易枯萎。种植时候每株最好相隔3~5厘米。虽然一开始不好看，但是后期能长得很漂亮。

绿菊花草在某些鱼类的繁殖中也扮演着重要的角色，某些种类鱼所产下的鱼卵必须附着在绿菊花草这样的水草上。绿菊花草还能吸收鱼产生的垃圾废物，为鱼缸提供良好的生态平衡。

绿菊花草基本能适应所有的热带鱼类，是造景的良好材料。

雪花草

简介

雪花草属于三白草科，原分布于北美洲，现在整个美洲水域都有分布。雪花草名字非常好听，顾名思义，它的叶片是美丽的雪花形状，像蕾丝一样精致动人。雪花草会长出水上叶，水上叶和水下叶区别不大。不仅叶片精致，整个植株也非常动人。

种植要求

雪花草属于阳性草，一般都是作为前景草或者侧景草使用。雪花草叶片是欣赏的重点，所以一般作为前景草使用。

生长环境要求为：

对水的酸碱度要求为弱酸性，能适应 pH6~7.3。

水温控制在 18℃~30℃都能保持不死，但是以 20℃~24℃生长为最佳，虽然适应性算是比较强的水草，但是温度过高同样会导致植株枯黄死亡，过低植物会冻伤甚至冻死。

光照度：需强烈光照，一般的室内散射太阳光线不能满足雪花草的生长需要，所以要按照缸的大小和水草的多少配置植物生长灯。

雪花草对水的 pH 值和水温的适应性都非常强，而且生长非常迅速。为了跟上这种生长势头，必须要增强光照和加入养分，有了这些条件，雪花草才能呈现出比较好的状态，最终达到需要的效果。

雪花草很容易打理，群栽效果非常漂亮。也可以单独栽一棵，单独栽种的雪花像独唱的戏曲演员有众星捧月的感觉。

当雪花草长出水面，就要进行适度修剪。雪花草能长得很高，要种植的话最好使用深一些的缸。

要注意，雪花草不能够忍受长时间低光照，如果在室内光线很暗的情况下种植雪花草，要买一个植物生长灯。雪花草对二氧化碳适应性很强，一般只种植雪花草的话就可以不充二氧化碳，但是如果希望能生长得快速并繁茂，可以适当人工加入二氧化碳加速生长。

用途

雪花草通常通过扦插繁殖，可以使用粗砂或者泥石为介质，用镊子轻

轻把雪花草种于其中即可,植物入水约 2~3 厘米。种植之前记得把烂掉的部分清理掉。一旦成活了,会抽出新的枝子。种植时候每株最好相隔 3~5 厘米。因为雪花草生长十分迅速,如果离得太近容易缠绕在一起,所以也要定期清理和修剪叶片,以期达到最美观的状态。

雪花草在某些鱼类的繁殖中也扮演着重要的角色,某些种类鱼所产下的鱼卵必须附着在雪花草这样的茂密叶片的水草上,也为某些鱼儿提供了很好的藏身和休息场所。雪花草还能吸收鱼产生的垃圾废物,为鱼缸提供良好的生态平衡。

雪花草基本能适应所有的热带鱼类,是造景的良好材料。

迷你椒草

简介

迷你椒草属于天南星科,原分布亚洲的印度和斯里兰卡,生长比较缓慢。迷你椒草是椒草类中体型最小的一种,整株大约只有女生的手掌大小。迷你椒草原属于沼泽植物,后来才培养成为水中植物。能长出水上叶,叶片比较小,大约 2 厘米长。水中叶和水上叶差不多。迷你椒草叶片颜色碧绿,非常漂亮,栽培也很简单,比较受新手欢迎。

种植要求

迷你椒草属于阳性草,因为植株比较小,一般当做前景草,和石头沉木结合布置也很有趣味。

生长环境要求为:

对水的酸碱度要求为弱酸性,但是适应性比较强,能适应 pH6~7。

水温控制在 10℃~30℃都能保持不死, 但是以 25℃~28℃生长为最佳,

温度超过 34℃会导致植株枯萎死亡。迷你椒草适应性很好，一般室内水温都能存活。

光照度需要中度－强度光线，一般的室内散射太阳光线不能满足迷你椒草的生长需要，所以种植迷你椒草的话最好添置植物生长灯。

迷你椒草属于匍匐生长，生长比较缓慢，所以一般在种植之前可以在介质中添加好营养元素和肥料，后期不用频繁添加肥料。

迷你椒草喜欢强光照，如果室内光线很暗的情况下很难把迷你椒草种好。添置植物生长灯后每天开灯不低于 6 个小时；对二氧化碳不敏感，如果种植水草不多，可以不用添加二氧化碳设备。

迷你椒草繁殖一般通过侧芽或者匍匐茎上面的子株来繁殖。用镊子把侧芽或者子株小心插进介质中，入介质大约 2~3 厘米就可以了。种植迷你椒草所采用的介质一般是细沙或者泥，成活之后会很快抽出新的叶片。种植每棵的间隔最好能有 2~3 厘米。

用途

迷你椒草是鱼缸中很常见的一种造景工具，而且植株娇小，能和很多水草共同组合。迷你椒草基本能适应所有的热带鱼类，非常容易种植，只要注意它的生长习性，基本都能种好。

迷你椒草经常和沉木、石头还有其他的装饰小物一起搭配造景，能营造一种微型天地的感觉，是一种百搭的造型水草。

小水椒

简介

小水椒原分布亚洲的印度和斯里兰卡，属于天南星科。它生长比较迅速，属于比较小型的椒草类，但是比迷你椒草稍微大一些。小水椒叶片颜色青翠，非常漂亮。能长出水上叶，叶片大约5厘米左右，水中叶颜色比水上叶颜色略深。小水椒比较强健，栽培简单。所以很适合新手。

种植要求

小水椒属于阳性草，因为植株比较娇小，一般当作前景草或者中景草来使用，在侧面放一两棵作为点缀也很有趣味。

生长环境要求为：

对水的酸碱度要求为弱酸性，但是适应性比较强，能适应pH6~7.5。

水温控制在10℃~30℃都能保持不死，但是以23℃~28℃生长为最佳，温度超过34℃会导致植株枯萎死亡。小水椒适应性很好，一般室内水温都能存活。

光照度需要中度—强度光线，一般的室内散射太阳光线就不能满足小水椒的生长需要，所以种植小水椒的话最好采用人工补光照明，添置植物生长灯。

小水椒生长比较快，需要添加足够的营养来补充生长所需要的养分，可以用颗粒肥添加到介质中。

小水椒喜欢强光照，在室内光线很暗的情况下很难把小水椒种好。添置植物生长灯后每天开灯不低于6个小时。因为生长很快，小水椒对二氧化碳、养分和光照的需求都比较大，所以要尽可能营造养分充裕、光照充足也不缺乏二氧化碳的环境，这样就很容易养好小水椒。

小水椒繁殖一般通过侧芽来繁殖。用镊子把侧芽小心插进介质中就可以了。种植小水椒所采用的介质一般是细沙或者泥，成活之后会很快抽出新的叶片。种植每棵的间隔最好能有5~6厘米。

小水椒属于沼泽植物，种植在水陆动物比如乌龟的宠物箱中，也能增加很多情趣。

用途

小水椒是鱼缸中很常见的一种造景工具，能和很多水草组合，基本能

适应所有的热带鱼类。小水椒非常容易种植,只要注意它的生长习性,基本都能种好。

小水椒能够提供某些小型鱼的栖息角落,能吸收鱼产生的物质来进行自身的生长,为鱼缸提供良好的生态平衡。

扭兰

简介

扭兰原分布北美洲南部一带，属于苦草科，生长比较迅速。扭兰是一种非常受欢迎的水草，细长扁平的子螺旋而上，在灯光和水流的交相辉映下，呈现出一种非常绮丽的景象。

种植要求

扭兰属于阴性草，前景草。

生长环境要求为：

对水的酸碱度要求为中性，但是适应性比较强，能适应 pH6~8。

水温控制在 20℃~30℃都能保持不死，但是以 23℃~28℃生长为最佳，温度过高会导致植株枯萎死亡，温度过低植物会冻死。

光照度：需强烈光照，一般的室内散射太阳光线是不能满足扭兰的生

长需要，所以要按照缸的大小和水草的多少配置植物生长灯。

扭兰的生长方式属于走茎生长，生长非常迅速。为了跟上这种发展势头，必须要加入二氧化碳、增强光照，加入养分，这对扭兰生长起到非常重要的作用。有了这些条件，扭兰才能呈现出比较好的状态，最终达到需要的效果。

扭兰属于直立植物，还能吸收鱼排泄物所分解的微量元素，为自身所用。但是要想种好，二氧化碳、光照和养料还是缺一不可的。这些条件有保证的话，扭兰是非常容易种好的一种植物。

种植扭兰可以使用粗砂或小鹅卵石为介质，用镊子轻轻把扭兰种于其中即可，植物入水约 2~3 厘米。种植之前记得把烂掉的部分清理掉，否则会影响后期嫩芽的萌出或者导致植株腐烂。一旦成活了，会抽出新的枝子。如果没有固定好，扭兰就容易枯萎。种植的时候每株最好相隔 10 厘米。因为扭兰生长十分迅速，如果离得太近容易缠绕在一起，所以也要定期清理和修剪叶片，以期达到最美观的状态。

用途

扭兰是鱼缸中很重要的一种造景工具。

扭兰能长得比较高大，所以属于中景和后景草，布景的时候要注意这一点。种植扭兰的鱼缸最好以扭兰为主景草，因为它会长得很快、很大，再搭配一些辅助的草类，鱼缸就非常漂亮了。

扭兰在某些鱼类的繁殖中也扮演着重要的角色，某些种类鱼所产下的鱼卵必须附着在扭兰这样茂密叶片的水草上，也为某些鱼儿提供了很好的藏身和休息场所。

扭兰还能吸收鱼产生的垃圾废物，为鱼缸提供良好的生态平衡。

水剑

简介

水剑在全世界基本都有分布，属于天南星科，半水生植物，可能是沼泽植物菖蒲的一种变种，所以长期在水中闷养容易烂掉，一定要让叶子出点儿水。水剑的造景能出一种别的水草达不到的效果。

种植要求

水剑属于阳性草，中后景草。

生长环境要求为：

对水的酸碱度要求为中性，但是适应性比较强，能适应 6~8 的 pH 值。

水温控制在 13℃~30℃之间都能保持不死，但是以 15℃~25℃之内生长为最佳，温度过高会导致植株枯萎死亡。水剑比较耐寒，但是温度过低植物也会冻死。

光照度：需强烈光照，一般的室内散射太阳光线不能满足水剑的生长需要，所以要按照缸的大小和水草的多少配置植物生长灯。

水剑的生长方式属于走茎生长，生长非常迅速。为了跟上这种发展势头，必须要加入二氧化碳、增强光照，加入养分，这对水剑生长起到非常重要的作用。有了这些条件，水剑才能呈现出比较好的状态，最终达到需要的效果。

由于水剑属于直立植物，能吸收鱼排泄物所分解的微量元素为自身所用。但是二氧化碳、光照和养料缺一不可的，这些条件有保证的话，水剑是很容易种好的。

种植水剑可以使用粗砂或小鹅卵石为介质，用镊子轻轻把水剑种于其中即可，植物入水约 2~3 厘米。种植之前记得把烂掉的部分清理掉，否则会影响后期嫩芽的萌出或者导致植株腐烂。一旦成活了，会抽出新的枝子。如果没有固定好，水剑就容易枯萎。切记定期清理和修剪叶片，以期达到最美观的状态。水可以不用太深，一般成年植株用高 45~60 厘米的缸就可以养好水剑了。

用途

水剑是鱼缸中很重要的一种造景工具。

水剑能长得比较高大，属于中景和后景草，一般搭配一些辅助的草类。或者穿插一些叶片柔软的水草作为对比，越发能显出它的刚劲有力。

水剑可以为某些鱼儿提供很好的藏身和休息场所，还能吸收鱼产生的垃圾废物，为鱼缸提供良好的生态平衡。

水剑基本能适应所有的热带鱼类，是造景的良好材料。

铜钱草

简介

铜钱草属于伞形花科，也被叫作香菇草、南美天胡荽，广泛分布于北美洲，中美洲及欧洲部分地区。铜钱草属于挺水植物，生命力很强，是新手常用的水草。它生长很快，能很快出现想要的效果，而且造型优美，圆圆叶子像香菇或小荷叶挺立在水中，很受欢迎。

种植要求

铜钱草属于阳性草，作为前景草或者后景草均可，相对来说更合适作为前景草。

生长环境要求为：

对水的酸碱度要求为中性。铜钱草非常能长，而且忍耐力强，一般能忍受 6~7.5 的 pH 值。基本适应任何水质。

水温控制在5℃~35℃都能保持不死，但是以15℃~28℃生长为最佳，温度过高会导致植株不长、变黄继而枯萎死亡。铜钱草虽然能耐5℃的低温，但是长期的温度过低植物也会受不了。

光照度：中强度光线。一般的室内散射太阳光线必须要加植物生长灯补光，才能满足铜钱草的生长需要。也可以放到有太阳直射的地方，每天晒4个小时以上。

铜钱草属于匍匐茎，生长速度非常快，对生长环境几乎都不挑剔，所以光照和养分一定要跟上。有了这两个条件，铜钱草才能呈现出比较好的状态。种一棵铜钱草很快就能长成一片，所以必要的时候要做修剪，不然会无穷尽地长，十分可怕。铜钱草个体虽然很小，但是成片效果惊人。

铜钱草不能够忍受长时间低光照，如果在室内光线很暗的情况下种植，要买一个植物生长灯。铜钱草对二氧化碳需求很低，一般只种植铜钱草的话就可以不充二氧化碳。

铜钱草能够吸收鱼排泄物所分解的微量元素为自身所用，但是光靠这些想种好铜钱草是不够的，最好在介质中加入颗粒肥料。这些条件有保证的话，铜钱草很快就会出现非常好的状态。

种植铜钱草可以使用粗砂或者泥为介质，用镊子轻轻把铜钱草种于其中即可，植物入水把根系盖住即可。种植之前记得把烂掉的部分清理掉，否则会影响后期嫩芽的萌出或者导致植株腐烂。一旦成活了，会抽出新的枝子。如果没有固定好，铜钱草在水中也能存活，但是长势会变得很慢。如果一次种植多株，种植的时候每株最好相隔10厘米以上，以方便后期根系延展。

铜钱草繁殖也很方便，只要截取一段枝插入底沙或者泥中，条件合适的话很快就能长出新的根系和枝条。

铜钱草在陆地上也可以生长，是一种非常普及的水草。但是要注意，地上铜钱草属于水上叶，不能马上放进水中当水草栽培，要经过适应过程，等水上叶掉落，水中叶生出，才算真正成活。

用途

铜钱草是很漂亮的一种造景植物，而且生命力强，种植简便。

铜钱草在某些鱼类的繁殖中也扮演着重要的角色，某些种类鱼所产下的鱼卵可以附着在铜钱草这样的水草上。铜钱草还能吸收鱼产生的垃圾废物，为鱼缸提供良好的生态平衡。

要注意的是，万一水中的藻类覆盖到铜钱草叶片上，要马上擦去，否则会妨碍植物的光合作用，造成植物死亡。

铜钱草基本能适应所有的热带鱼类，是很好的鱼缸水草品种。

蜈蚣草

简介

蜈蚣草属于水蘼科，也叫作水蕴草，世界各地都有分布。蜈蚣草生命力很强，是新手造景时常用的水草。它生长很快，比其他的水草更快出现自己想象中的鱼缸效果。它和松尾有点类似，都是有着近看细长、远看有些毛绒效果的漂亮水草。

种植要求

蜈蚣草属于阳性草，作为前景草或者后景草均可，相对更适合作为后景草。

生长环境要求为：

对水的酸碱度要求为中性，但是蜈蚣草非常健壮，而且忍耐力强，一般能忍受 pH6~8.3。基本适应任何水质。

水温控制在 13℃~30℃都能保持不死，但是以 16℃~24℃生长为最佳，温度过高会导致植株枯萎死亡。蜈蚣草虽然能耐 13℃的低温，但是长期温度过低植物会冻死。

光照度：中强度光线。一般的室内散射太阳光线必须要加植物生长灯补光，才能满足蜈蚣草的生长需要。

蜈蚣草生长的速度非常快，对生长环境几乎都不挑剔，所以二氧化碳、增强光照和养分一定要跟上，有了这些条件，蜈蚣草才能呈现出比较好的状态。蜈蚣草最好不要只种一棵，群栽比较能出效果。

蜈蚣草体型比较大，最好使用高 40 厘米以上的大缸种植。

蜈蚣草不能够忍受长时间低光照，如果在室内光线很暗的情况下种植蜈蚣草，要买一个植物生长灯，这样比较容易养好蜈蚣草。蜈蚣草对二氧化碳的需求也很低，一般只种植蜈蚣草的话就可以不充二氧化碳，但是如果希望能生长得快速并繁茂，可以适当人工加入二氧化碳。

蜈蚣草能够吸收鱼排泄物所分解的微量元素为自身所用。要想种好，二氧化碳、光照和养料还是缺一不可的。这些条件有保证的话，蜈蚣草是非常容易种植的。

种植蜈蚣草可以使用粗砂或者小型鹅卵石为介质，用镊子轻轻把蜈蚣草种于其中即可，植物入水约 2~3 厘米。种植之前记得把烂掉的部分清理

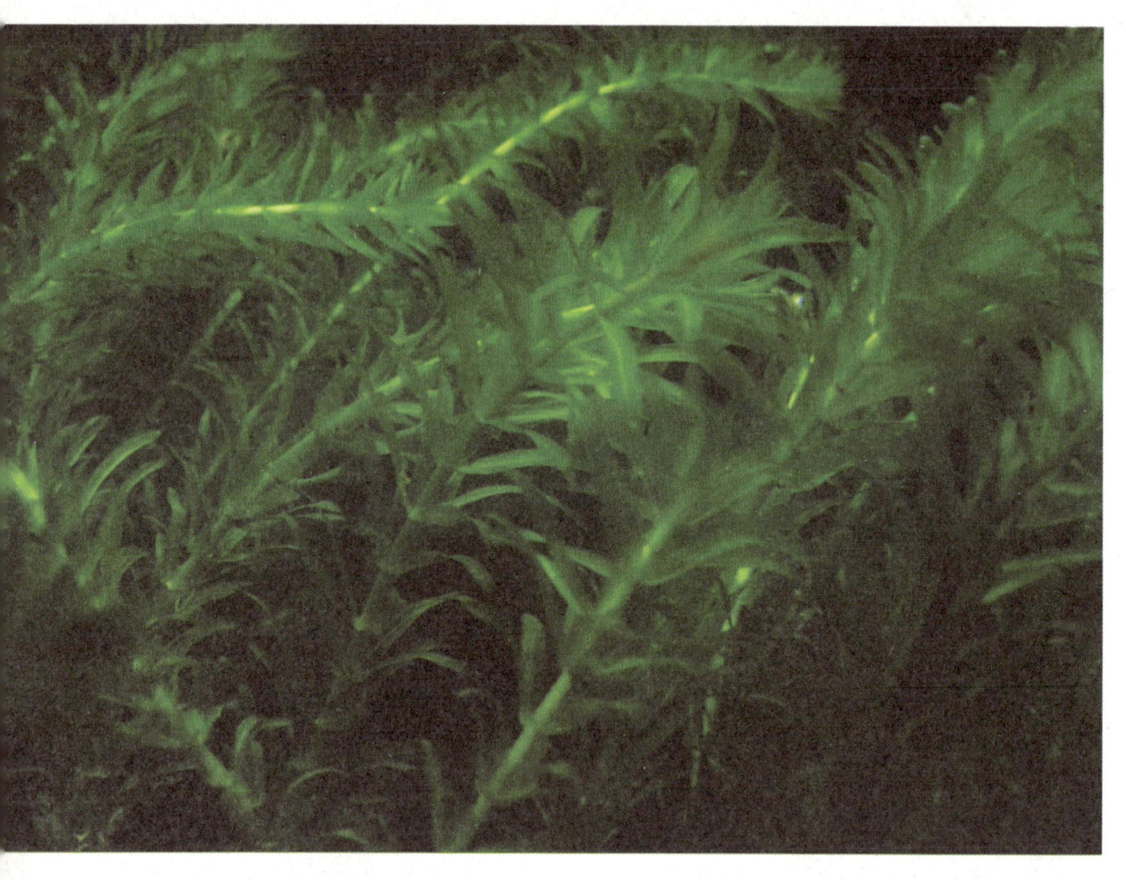

掉,否则会影响后期嫩芽的萌出或者导致植株腐烂。一旦成活了,会抽出新的枝子。如果没有固定好,蜈蚣草就容易死亡。种植的时候每株最好相隔3厘米左右,这样蓬松的叶片才不会打架。

蜈蚣草的繁殖也很方便,只要截取一段侧枝插入底沙或者鹅卵石,条件合适的话很快就能够长出新的植株。

用途

蜈蚣草是很漂亮的一种造景植物。

蜈蚣草在某些鱼类的繁殖中也扮演着重要的角色。某些种类鱼所产下的鱼卵可以附着在蜈蚣草这样的水草上。蜈蚣草还能吸收鱼产生的垃圾废物,为鱼缸提供良好的生态平衡。

蜈蚣草还有一些特别的作用,比如能抑制缸中的藻类(尤其是有害的藻类,比如蓝藻、褐藻等)生长。

蜈蚣草基本能适应所有的热带鱼类,是造景的良好材料。